孩子超喜爱的漫画科学

U0162496

好好玩的化学

清宣　编著

石油工业出版社

图书在版编目（CIP）数据

好好玩的化学 / 清宣编著 . —北京：石油工业出
版社，2023.1
（孩子超喜爱的漫画科学）
ISBN 978-7-5183-5678-2

Ⅰ.①好… Ⅱ.①清… Ⅲ.①化学—青少年读物
Ⅳ.① 06-49

中国版本图书馆 CIP 数据核字（2022）第 186485 号

出版发行：石油工业出版社
　　　　　（北京市朝阳区安华里二区 1 号楼　100011）
网　　　址：www.petropub.com
编 辑 部：（010）64523616　64523609
图书营销中心：（010）64523633
经　　　销：全国新华书店
印　　　刷：三河市嘉科万达彩色印刷有限公司

2023 年 1 月第 1 版　　2023 年 1 月第 1 次印刷
710 毫米 ×1000 毫米　　开本：1/16　　印张：7.25
字数：90 千字

定价：39.80 元

前言

我们常说，兴趣是最好的老师，当一个人对某件事充满了兴趣，他就会因为好奇而产生浓厚的求知欲望，从而进步、成长。

自然万物的生长与变化，孩子们最容易看到、听到、闻到、感受到，也最容易对它们产生好奇心。不过，这些现象背后包含了很多复杂的科学知识，有些知识还比较深奥、抽象。如果没有得到及时解答，孩子们很容易因为心中的疑惑慢慢增多，逐步形成科学知识都很深奥、难懂的误解，认为这些内容自己学不懂、学不会，进而对相关知识的学习产生畏难与抵触的心理。

其实，学习科学知识可以非常轻松、有趣，抽象难懂的原理也可以讲得非常具体、简单。为了帮助孩子们建立起学习科学知识的兴趣与信心，我们特意从孩子们的视角出发，编写了这套涵盖了天气、植物、动物、物理、化学五大方面内容的科学书，希望能为他们今后在地理、生物、物理、化学等科目上的学习做一些启蒙，让他们带着更浓厚的兴趣在学海中遨游。

本书是其中的《好好玩的化学》分册。化学就在我们每一个人的身边，大到生产生活带来的污染、自然环境的治理与保护，小到个人健康饮食习惯的养成、服用药物的原则与误区，都与神奇的化学息息相关。美味诱人的烧烤为什么不能多吃？酸雨和酸雾究竟是从哪里来的？帮助睡眠的安眠药为什么会置人于死地？花花绿绿的衣服为什么可能危害人的健康？……这些关于化学等小疑问，书中都会给出详细解答。

引人入胜的故事、幽默风趣的图片，加上通俗易懂的语言，相信孩子们在轻松愉快的阅读过程中，不知不觉就踏入了科学知识的大门。一旦对科学知识充满兴趣，就不会再觉得学习可怕，甚至在学习上还会变得积极主动。

还等什么呢？赶紧打开这本书，让孩子们开始享受奇妙又有趣的科学阅读之旅吧！

目录

藏在药物中的化学知识

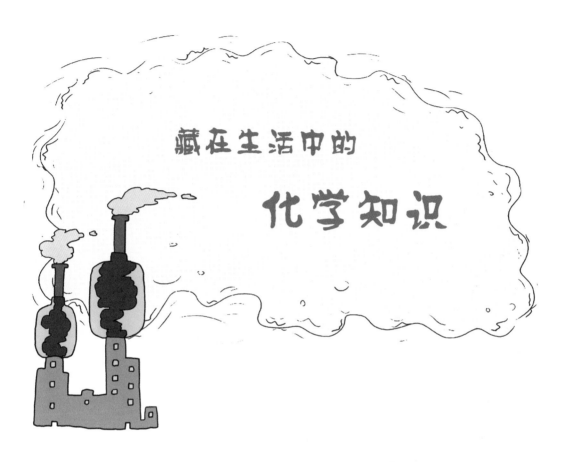

藏在生活中的

化学知识

酸雾与酸雨
——好好的水怎么就"酸"了

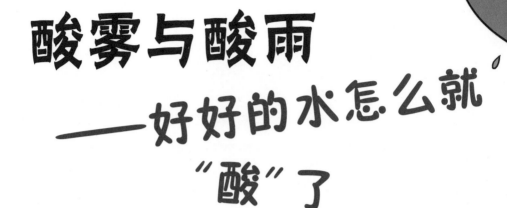

田地里的两万亩水稻一夜之间变成枯黄色死掉了；附近水塘里的鱼也纷纷跳出水面，有的甚至变成了鱼骨头。

酸雨

碱

7
3

酸

一场酸雨，草木枯黄

1982年6月18日的晚上，重庆市下了一场雨，本来炎热的天气变得凉爽了。但是，第二天早上，住在郊区的人们起床后发现，田地里两万亩水稻一夜之间都变成了枯黄色，几天之后一些水稻就枯死了。大家都很奇怪，好好的水稻为什么会一夜之间变成这个样子呢？

原来，这场水稻灾难的"凶手"就是6月18日晚上下的那场雨——那是一场酸雨。重庆市是我国受酸雨危害最严重的地区之一。不仅水稻，连重庆的嘉陵江大桥也受到了酸雨的腐蚀，锈蚀的速度为每年0.16毫米。

除了植物和建筑物，酸雨还威胁到我们脚底下坚实的大地。酸雨落在地面上，会破坏土地本身的酸碱度，不仅使土壤里对植物生长有好处的细菌们无法生存，还直接危害了树木的生长。

我们一般用pH值来表示液体的酸碱性。

豆子杀手：模拟酸雨对生物的影响

想更清楚地知道酸雨有多大危害，可是又不是立刻就能够下酸雨，再说，下了酸雨，会带来危害。怎么办呢？

别发愁，我们可以模拟酸雨的危害，只要用到醋、水和绿豆就可以了。

将醋和水按照1：1的剂量混合，得到模拟酸雨，往里面放入20粒绿豆，同时在清水中放入20粒绿豆；然后就可以由观察发现，泡在醋和水的混合液中的20粒绿豆没有发芽；泡在清水中的20粒绿豆全部发芽了。由此可知酸雨对生物的影响。

因为这些酸雨不仅会破坏豆子的结构，导致它们不能发芽，而且在豆子的生长过程中，还会影响豆子吸收营养。所以，泡在酸性溶液里的豆子不能像在清水里的豆子一样正常发芽。

那么，pH值是什么？pH值是溶液中氢离子浓度的一种标度，也就是通常意义上溶液酸碱程度的衡量标准。pH值越趋向于0，表示溶液酸性越强，反之，越趋向于14，表示溶液碱性越强，常温下pH值为7的溶液为中性溶液。

这些酸雨、酸雾的pH值在5.6以下，因而会带来破坏。

为什么雨水雾气会变酸

为什么这些雨和雾是酸的呢？这是因为这些雨和雾被污染了。

我们的大自然会自己产生一些酸性物质，排放到空气里，形成酸雨。比如森林火灾，除了会烧毁树木、危害小动物以外，树木燃烧的过程中，还会将树木里含有的酸性物质排放到空气里。就连壮观的火山爆发，也会喷发出许多会形成酸雨的二氧化硫气体。还有土壤中的细菌，它们分解动物尸体或者落叶的时候，也会产生二氧化硫。雷雨天的闪电也会把空气中的氮气和氧气转化成一氧化氮，再被氧化成二氧化氮，二氧化氮溶于雨水就会形成酸雨。

当然，大自然产生的这些酸性物质并不是出现酸雨、酸雾的主要原因。最主要的原因还是人类对大自然的污染。

平时我们驾驶汽车排放的尾气，还有工厂里高高的烟囱吐出来的废气，都含有大量会让雨和雾变成酸雨和酸雾的污染物。这些污染物大部分是一些叫作二氧化硫和氮氧化合物的坏家伙。云里的水汽遇到这些污染物，就会凝结在上面，形成含有酸的雨滴。等到含酸的雨滴积累得足够大、足够多的时候，就会从天上降落下来，落到地面上，也就形成了会伤害到麦苗和小草的酸雨。污染物进入空气，与空气中的水分子凝结形成雾滴，成为酸雾。

这些让人讨厌的污染物们不会老老实实地停在同一个地方，它们会随着空气流动满世界跑，有时候甚至能够跑到离污染排放

地几百千米甚至几千千米远的地方。所以，一些没有排放污染物的地方，也会出现酸雨和酸雾。

平均海拔 3000 米高的阿尔卑斯山，山顶常年覆盖着白雪，环境十分优美。但近年来，阿尔卑斯山上也出现了酸雨，那是因为距离阿尔卑斯山两三百千米远的地方，有米兰、慕尼黑、苏黎世等工业城市，这些工业城市排放的污染物跑到了阿尔卑斯山上空。所以，阿尔卑斯山上也出现了酸雨。

应对酸雨，全世界正在努力

世界上很多地方都有二氧化硫和氮氧化合物出现，使这些国家和地区深受酸雨、酸雾的危害。1989 年的秋天，美国《洛杉矶时报》刊登了一张洛杉矶市郊高楼大厦的照片，照片上整个洛杉矶市中心都被浅黄色的烟雾包围着。

在瑞典，一共 9 万多个湖泊中，已经有 2 万多个受到了酸雨的危害，其中 4000 多个湖泊因为酸雨的影响导致鱼类不能生存，成了无鱼湖。我国的四川、广西等省也有十多万公顷的森林因为酸雨的危害正在衰亡。

导致酸雨、酸雾形成的污染物飘在空气里，随着空气流动满世界乱跑，从一个国家到另一个国家，都不用签证和护照，而且人类的眼睛也看不到它们，就连世界各国最厉害的警察们也束手无策。

为了对付它们，世界各国纷纷联合起来，想了许多办法。

首先，我们可以使用新的能源，比如，来自大自然的太阳能、水能、潮汐能、地热能等，也可以利用科技改造旧的能源，比如，可以用脱硫技术，将煤里的硫成分提取出来，这样我们使用煤的时

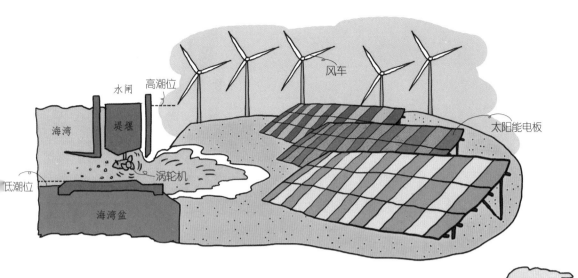

高潮位

水闸

风车

堤堰

海湾

太阳能电板

涡轮机

低潮位

海湾盆

候，就不会有很多的硫排放到空气里。

其次，各个工厂生产出来的废气，在被大烟囱吐出来之前，可以先经过净化处理，然后再排放，这样就能减少一些有害气体。

最后，在我们平常的生活里，也有一些方法能够减少污染物的排放。平时出门的时候，尽量少开车，乘坐地铁、公交之类的公共交通工具，就能减少很多汽车尾气的排放。家里改用天然气、电等相对清洁的能源，少使用煤炭，也能减少一部分酸雨的产生。

但是，这些我们人类眼睛看不到的污染物仍然大量存在于生产生活的各个环节中，每一天都在增加，为了保卫我们赖以生存的生活环境，我们还需要继续同那些让人讨厌的污染物战斗。

工厂

情况危急！清洁空气请求支援！邪恶的汽车尾气带着许多污染物正在进攻清洁空气！清洁空气告急！

尾气
——汽车排出来的毒废气

汽车尾气为什么会"杀人"

一场空气世界的战争，正在我们肉眼看不到的地方进行着。

清洁空气快要战败了，它的阵地被邪恶的污染物们占据了很多。我们的空气污染越来越严重。

污染物们之所以能在这场战争中取得优势，那是因为它们有着源源不断的补给来源，其中一大部分，就是来自我们大街上一辆又一辆的汽车排放出来的尾气。

这支尾气军队，由许多坏家伙们组成，包括一氧化碳、碳氢化合物、氮氧化合物等。这些污染物粒子，不管是液态还是固态，都会悬浮在空气里，被叫作气溶胶粒子，成为雾或者雨的凝结核。

一氧化碳是燃料在发动机内不完全燃烧的产物，它与人体血红蛋白的结合能力远远强于氧气与血红蛋白的结合能力。所以一旦有一氧化碳来捣乱，就会削弱血红蛋白向人体组织输送氧气的能力，从而引起机体组织缺氧，严重时可能造成中毒死亡。

碳氢化合物同样是燃料在发动机中不完全燃烧或者挥发形成的产物。它包括多种烃类化合物，部分烃类化合物有致癌性，如果被吸入人体就会导致慢性中毒。

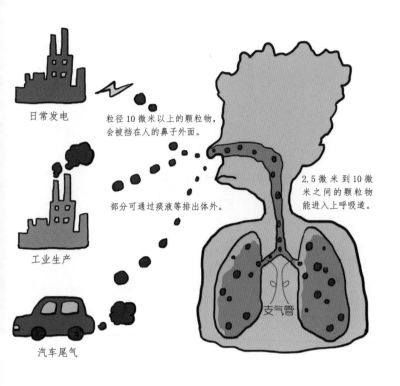

日常发电

粒径 10 微米以上的颗粒物, 会被挡在人的鼻子外面。

部分可通过痰液等排出体外。

工业生产

汽车尾气

2.5 微米到 10 微米之间的颗粒物能进入上呼吸道。

支气管

尾气中的氮氧化合物是在发动机内，由空气中的氮气和氧气发生反应形成的多种化合物。

氮氧化合物劣迹斑斑，它一旦被排入空气中，就可以与空气中的水反应生成酸，进而形成酸雨、酸雾、酸雪；它与空气中的水及其他化合物反应，还可以生成含硝酸的细微颗粒物，一旦这些颗粒物被吸入肺的深处，就会损害肺组织，引起各种疾病；氮氧化合物和碳氢化合物在强烈阳光的照射下还会发生复杂的化学反应，在近地面产生光化学烟雾，进而导致夏季时空气中的臭氧含量大大超标，严重危害人体健康和生态环境。

柴油便宜但污染更大

在这支尾气大军中，破坏力更大的，毫无疑问就是来自柴油燃烧产生的尾气。

柴油和汽油都来自石油，两者的区别在于柴油中的碳含量比汽油中要高些，柴油比汽油的燃点高，而且不易挥发。

汽油和柴油两种发动机的工作原理也不同。汽油机是靠火花塞

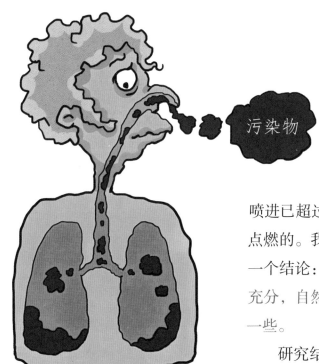

来点燃已经充分混合好的汽油蒸气与空气的混合气体，而柴油机是靠将高压柴油喷进已超过起燃点的热空气中来点燃的。我们可以轻易得出这样一个结论：柴油没有汽油燃烧得充分，自然排放出的颗粒物也多一些。

研究结果表明，柴油燃烧产生的尾气被人体吸收后，超过一半的碳烟颗粒物会留在人体内。这一比率远远高于其他污染物，有研究表明，这是因为柴油尾气中的颗粒物由更小的粒子组成，因而能够渗透到肺部更深的地方，并在那里沉积。不管什么原因，柴油对空气的污染显然不容小觑。

不排尾气的新能源车

为了帮助正义的清洁空气打赢这场战争，我们人类也想了许多办法。其中一个就是开发和使用新能源汽车。使用新能源汽车，既能方便我们的出行，又能尽量减少尾气的排放。

新能源汽车采用非常规的燃料作为动力来源，所以废气排放量比较低。从能源驱动方面来说，现在最主流的是新能源"驱动三剑客"——纯电力驱动、混合动力驱动和插电式混合动力驱动。

纯电动汽车在使用过程中不但不产生碳排放，而且更关键的是，给电动汽车充电主要是在晚上或用电低谷期，有利于电能的有效利用。

而混合动力汽车是将电动机和传统的燃油发动机结合，具备了两者的优点：汽车行驶需要大功率的时候，内燃机和电池共同起作用；负荷小时，富余的功率可发电给电池充电；由于内燃机可持续工作，电池又可以不断得到充电，因此其续航能力和普通汽车一样，并且大大减少了汽车尾气的排放。

在技术上更高一筹的是插电式混合动力汽车，它将纯电动汽车与混合动力汽车相结合，在汽车行驶过程中先使用电力驱动，当电力用完时，再使用混合动力系统，这样既充分发挥了纯电动汽车的便捷性和清洁性，又克服了纯电动汽车续航能力不足的缺点，提高了汽车使用的可靠性。

用汽油的汽车

电池汽车

混合动力汽车

氮氧化合物

水

新能源汽车不仅可以大大缓解空气污染，而且电动机的效率要远远高于燃油发动机的效率，与普通的燃油发动机相比，我们可以节约大量的能量。再者，电力的运输成本要远远低于汽油和柴油的运输成本。所以，新能源汽车已经成为汽车工业发展的必然趋势。对于普通消费者来说，也许环境问题在短期内没有涉及自己的切身利益，但是日益上涨的油价，将会是推动新能源汽车消费的主要动力。

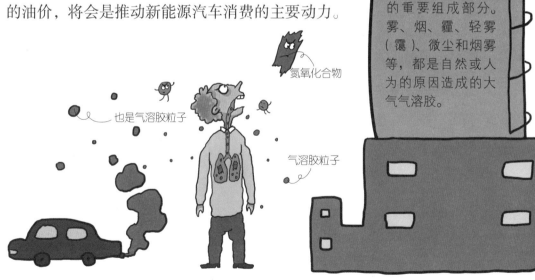

也是气溶胶粒子

氮氧化合物

气溶胶粒子

气溶胶粒子

我们每一次呼吸，都会吸入微小的悬浮颗粒物，这就是所谓的气溶胶粒子。有些气溶胶是自然形成的，另一些则由人类活动产生，比如工业生产、汽车尾气排放等。它们能作为水滴和冰晶的凝结核、太阳辐射的吸收体和散射体，并参与各种化学循环，是大气的重要组成部分。雾、烟、霾、轻雾（霭）、微尘和烟雾等，都是自然或人为的原因造成的大气气溶胶。

甲醛

——藏在屋子里的"隐形杀手"

搬进新家之后，眼睛流泪、喉咙疼痛、恶心呕吐、胸闷咳嗽，甚至患上肺水肿！谋害健康的"杀手"，就藏在新家里。

害人不浅的"一类致癌物"

除了和清洁空气正在进行战争的污染物们，还有一样气体像杀手一样，也在损害着我们的身体。

这个"杀手"的名字叫作"甲醛"。

甲醛，无色，有强烈刺激性气味，经常出没于刚装修完的房间里，隐藏在各种装修材料、组装家具使用的黏合剂中。遇到环境改变，比如遇热、潮解时，黏合剂中的甲醛就会向外释放。用作房屋防热、御寒的一些绝缘材料在光和热的作用下，老化后也可释放出甲醛。

甲醛分子

所以，为了我们的健康，新装修的房子必须做好除甲醛措施。

除此之外，甲醛还有其他的隐藏地点。

烟民们吞云吐雾的香烟，也是甲醛的一个重要隐藏地点。据统计，每支香烟的烟雾中含 20 ～ 88 微克甲醛。此外，还有少量甲醛隐藏在室外的工业废气、汽车尾气及光化学烟雾之中。

作为健康杀手，甲醛的危害毋庸多言。2004 年，甲醛就已经被国际癌症研究机构评估为一类致癌物。长期、高频率接触甲醛会引起身体不适，比如，头痛、头晕、乏力、感觉障碍等，还会破坏我们的免疫系统，使人出现瞌睡、记忆力减退或神经衰弱、精神抑郁等症状；在一定甲醛浓度的环境中生活，呼吸系统也会受到很大影响。

此外，科学家还发现，甲醛能引起哺乳动物细胞核的基因突变、染色体损伤，引起非常多的恶性疾病。

水分子

竹炭

竹炭

竹炭没有想象中那么管用

为了对付甲醛，我们人类可是想出了许多办法。竹炭就是传说中能够吸附甲醛的一大武器。

事实上，实验结果令人失望。把吸饱了甲醛的竹炭放到没有甲醛污染的空房间里，甲醛分子就会争先恐后从竹炭中跑出来，几个小时后竹炭里的甲醛含量大大减少，一天后就下降到几乎可以忽略不计的程度了——除污产品一下子变成了污染源。

所以，活性炭对于甲醛的吸附并不稳定，甚至不如跟水分子结合得紧密。如果室内空气湿度大，吸附的水分子会比甲醛还多，甚至可能把之前吸附在竹炭上的甲醛给挤下来。当然，如果能在竹炭

水分子

竹炭

竹炭

沙漠

的微孔里加上一些可以与甲醛反应的物质，做到真正消除甲醛，效果会更好。不过，目前还没有出现这样的产品。

因此，作为传说中消灭甲醛的武器，竹炭的能力并没有传说中的那么好。

除甲醛：开窗通风，简单有效

除了竹炭，各种绿色植物也是传说中对付甲醛的重要武器。这种说法是可靠的吗？

首先我们要明确一点，那就是植物其实也不喜欢甲醛。很多植物就算在低浓度的甲醛环境下，也会枯萎甚至死亡。

　　当然，有些植物对甲醛的忍耐力要强一些，甚至还有解毒功能。于是，就有了这些绿色植物可以放在室内吸收甲醛的传说。那用这样的植物来净化家中的甲醛是否可靠呢？

　　研究人员通过模拟含有甲醛的居室，测定了一些常见的室内盆栽对甲醛的处理能力。从实验得到的吸收效果来看，用植物处理甲醛还不足以在短时间内显著降低一般居室内的甲醛浓度。

　　那么面对甲醛的肆虐，我们能怎么办呢？其实最传统的办法就是开窗通风，在有关通风对甲醛浓度影响的实验中，给予居室强制通风3个月后，室内甲醛浓度的降幅达到了75%。看来开窗通风才是清除甲醛最便捷有效的手段。

总统先生被人下毒了！他英俊的脸上全部都是可怕的坑坑洼洼的疙瘩。医生们认真地给总统先生做了检查，最后确定毁坏总统容貌的罪魁祸首是大名鼎鼎的二噁英。

二噁英

——毒性最强的人造化学物

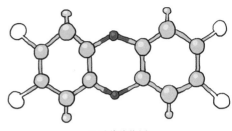

二噁英结构图

被二噁英毁容的总统

中毒的总统，就是乌克兰前总统尤先科先生。

2004 年，参加乌克兰总统选举的尤先科被疑遭人投毒毁容，他眼睛浮肿，鼻子发黑，脸上布满疙瘩。

经过调查，是有人用二噁英毒害了尤先科。当时化验的结果表明，尤先科血液和皮肤组织中的二噁英含量超过正常水平 1000 倍！如果剂量再大一点儿，尤先科很可能在总统选举前就已经中毒身亡了。

还好，经过医生的精心治疗，尤先科已基本恢复健康的面容。医生表示，尤先科体内的二噁英含量已经恢复到正常水平，身体状况令人满意，已经能够正常工作。

二噁英，一听它的名字就知道，它一定是坏东西。而且，二噁英可算是有史以来人类制造出的毒性最强的化学物了！二噁英是二氧杂苣的简称，是一个单环有机化合物。它可不是单独的一个坏东西，还有许多和它结构相似的坏同伙，它们被合称为二噁英。也就是说，我们提到的二噁英，一般指的是二噁英类物质，包括 210 种化合物，

这类物质非常稳定，熔点较高，极难溶于水，可以溶于大部分有机溶剂，是无色无味的脂溶性物质。所以，非常容易在生物体内积累，对人体危害严重。

比砒霜还毒 900 倍的超级毒药

那么，为什么二噁英这么可怕呢？

因为一旦二噁英侵入了食物链中，就会存在于动物脂肪组织内。比如一只奶牛摄入了二噁英，它的奶中也就含有了二噁英。人类接触的二噁英，90% 左右都是通过食物摄入的，主要是肉类、乳制品、鱼类和贝壳类食物。

二噁英是毒性非常大的物质，实验表明，对于小白鼠来说，它的毒性是同样重量的剧毒毒药氰化钾的 100 倍，是砒霜的 900 倍！

二噁英类化合物已被确认为"环境激素"。长期服用含有二噁英的奶粉会影响人体正常的内分泌机能调节，使儿童发育缓慢，或使人体免疫力下降，使女人子宫内膜移位等。长期服用含有二噁英的奶粉，还能导致人体甲状腺性能低下。二噁英有亲脂性，易积累于人体脂肪和肝脏内。

二噁英　二噁英　牛奶　二噁英　土壤　鱼

绿叶蔬菜

二噁英

瘦肉

健康饮食：降低二噁英侵害

　　二噁英如此可怕，我们没有专业的机器设备，很难辨别我们接触的物品中是否含有二噁英。但是就个人而言，均衡的膳食结构（包括适量的水果、蔬菜和谷物）有助于避免单一食物来源导致的二噁英过量摄入，剔除肉食中的脂肪和减少食用低脂肪类乳制品，可以有效降低人体对二噁英类化合物的摄入量。

　　值得一提的是，纤维素有助于人体内二噁英的排出。因此，多吃些绿叶蔬菜对保持身体健康有很好的效果。

世界上几乎所有地区都发现有二噁英。这些化合物聚积最严重的地方是土壤、沉淀物和食品。

赖在身体里不走的坏东西

二噁英不仅有很大的毒性，而且是个很难被"打死"的坏东西。它能在我们人类和动物的体内累积起来，还很难被身体排出去，而且很容易被土壤、矿物表面吸附。二噁英在土壤中的半衰期长达 9～12 年，在人类及动物体内的半衰期为 5～10 年，平均为 7 年左右。由于其半衰期较长，极易通过食物链形成富集效应。

二噁英这么可怕，我们能躲开它们吗？恐怕很难，二噁英似乎无处不在。

在自然环境中，二噁英最主要的来源是森林火灾、火山喷发等一些自然现象，而在我们生活中 90% 以上的二噁英是由人为活动产生的。通过对美国湖泊底泥和英国的土壤、植被的研究发现，二噁英的含量在 20 世纪 30—40 年代才开始快速上升，这段时间正是全球氯化工业迅猛发展的时期。城市中垃圾焚烧是二噁英的主要排放源，冶金工业也会排放一定量的二噁英，特别是铜、铝、锌和镁等有色金属生产的排放量更是突出。

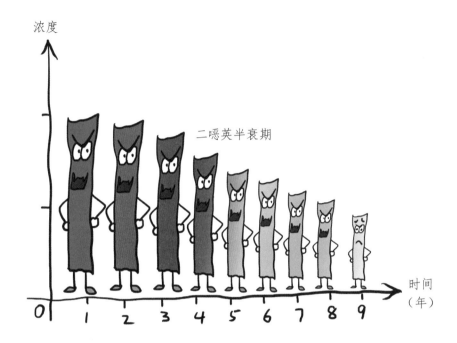

二噁英半衰期

富集效应

毒衣物

——没想到吧，这里也有毒

衣物会害人？怎么可能！又不是那个蠢皇帝的新装。不不不，比皇帝的新装还要害人，因为那是有毒的毒衣物！

天天穿的衣服，你真的了解吗

长袖的、短袖的，冬天的、夏天的，男孩子的牛仔裤和女孩子的花裙子，它们会有毒吗？听上去很不可思议。但是，美丽的花衣服真的可能有毒。

在成为美丽的衣服之前，它们需要经过一系列的加工，从散纤维的染色、纺纱、织成布，再到设计成衣服。而衣服有毒的秘密就隐藏在这一系列加工过程中，因为在这些工艺中不可避免地要使用化学产品，一些化学残留物就留在我们衣服中，让我们穿上以后便与毒相伴。

因此，在选购衣服时，要看清衣服标签上的各项说明，如看到标签上注有"不起皱""永久免熨""不缩水""防水"等字样，说明此服装或面料经过特殊的化学处理，更要特别留心，也不要过于"钟情"这类服装。如果衣服散发出刺鼻的异味或非正常味道，如霉味、腥味、煤油味、鱼腥味、苯类气味等，就说明纺织品上有过量的化学品残留，可能危害健康，最好也不要购买。

更可怕的是，除了制作衣服，连服装原料——棉、麻的种植过程中，还有干洗衣服的过程中，都可能让衣服染上毒素。

为了消灭害虫、除掉杂草或者防治植物病虫害，棉、麻等服装原料在种植过程中可能会使用大量的杀虫剂、除草剂或者农药。这些有害物质有可能被植物吸收，藏在棉、麻纤维中，虽然分量很少，但那也可能对我们的皮肤造成伤害。另外，为了储藏这些原料，还要使用各种防腐剂、防蛀剂等，这些化学物质如果残留在棉、麻里，再被做成衣服接触到我们的皮肤，就可能导致过敏，甚至引发呼吸道疾病。

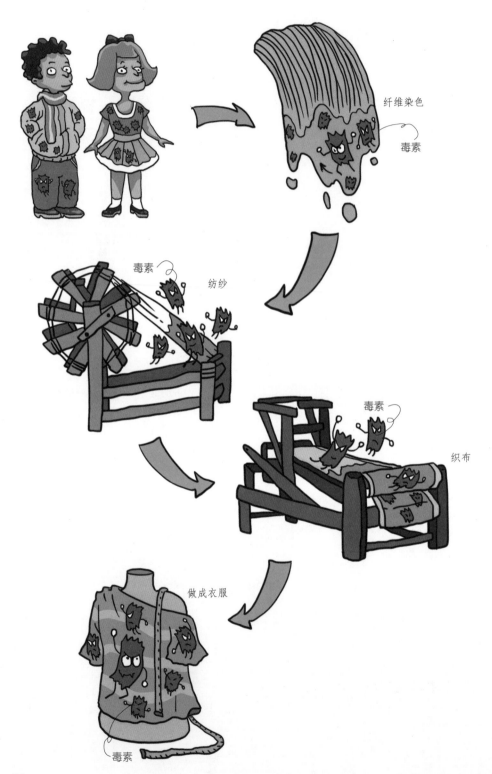

纤维染色

毒素

毒素

纺纱

毒素

织布

做成衣服

毒素

如果把衣服送去干洗，衣服沾上有毒物质的可能性就又加大了。因为干洗用的四氯乙烯，是一种刺激人的皮肤和眼睛的有害物质。

染料也是有毒的

染色、纺纱、织布、做衣服，每个环节都可能使毒素进入衣服里，那么你知道哪个环节可能含有的毒素最多吗？是染色过程。

首先在衣服纤维的染色这一加工过程中，涉及染料的选择问题。由于不同种的染料得到的光泽度和色牢度不同，因此不同的纤维会选

皮肤

镉离子

镉离子从衣服进入皮肤

肝脏

肾脏

服装的分类标准

《国家纺织产品基本安全技术规范》中将服装分成三类，A 类为婴幼儿用品，甲醛含量不高于 20mg/kg，pH 值为 4.0～7.5；B 类为直接接触皮肤的产品，甲醛含量不高于 75mg/kg，pH 值为 4.0～7.5；C 类为非直接接触皮肤的产品，pH 值为 4.0～9.0，甲醛含量不高于 300mg/kg，不能有异味。

择不同的染料以达到最好的染色效果，就像画不同画种会选择不同的颜料和画笔一样。其中经常使用的一类染料叫作"媒介染料"，也称为"金属络合染料"，这种染料里面均含有对人体有害的重金属镉离子。

人们穿了含有重金属镉离子的衣服后，镉慢慢被人体吸收，在体内形成镉硫蛋白，镉硫蛋白会选择性地蓄积于肾、肝等脏器中。其中，肾脏可吸收进入体内近 1/3 的镉，是镉中毒的靶器官。其他脏器如脾、胰、甲状腺和毛发等中也有一定量的镉蓄积。镉在体内会影响肝、肾器官中酶系统的正常功能。由于镉损伤肾小管，病者会出现糖尿、蛋白尿和氨基酸尿。特别是会使骨骼的代谢受阻，造成骨质疏松、萎缩、变形等一系列症状。日本的公害病之一"痛痛病"，就是慢性镉中毒最典型的例子。

镉中毒是慢性过程，潜伏期最短为2～8年，一般为15～20年。根据摄入镉的量、持续时间和机体机能状况，病程大致分为潜伏期、警戒期、疼痛期、骨骼变形期和骨折期。

当然，还有其他可能有害的染料，这取决于不同染料结构的特性。

衣服加工过程中的危害远不止重金属污染这一种。衣服加工过程除了用到染料之外，还用到纺织印染助剂。纺织印染助剂中的烷基酚聚氧乙烯醚（APEO）是一种环境激素的典型代表。环境激素是指由于人类的生产和生活而产生并释放到环境中，并且在环境中持久存在的化学物质。它们会通过直接或间接的方式在人体内积聚，具有类似雌激素的作用，会与人体的内分泌系统发生交互作用，干扰人体雌激素、甲状腺素等的正常功能。环境激素严重影响人类及生物的健康和安全，它的脂溶性很强，不容易降解，既可以在食物链中循环累积，又可以随风飘散。

壬基酚聚乙烯醚（NPEO）属于烷基酚聚氧乙烯醚（APEO）的一种，目前我国的NPEO年产量为13万～16万吨。

NPEO是一类非离子的表面活性剂，上面的疏水基团和对位取代长链上乙氧基重复单元上的亲水基团，决定了它具有良好的乳化、润湿、渗透、分散、增溶、洗涤、起泡、去污、抗静电等综合性能，所以经常被用作洗涤剂、农业除草剂等的主要成分，在民用和工业领域都有着广泛的应用。在衣服的加工过程中，它常被用为表面活性剂，但其加工过程中会分解出壬基酚（NP），而NP比较难降解，它会干扰内分泌，对生殖系统、神经系统、免疫系统、心血管系统等均具有毒性。

1. 酸雾、酸雨中的无机酸不包括____。

①硫酸　　　　②硝酸　　　　③盐酸　　　　④甲酸

2. 下列关于 pH 值的表述正确的是____。

① pH 值是溶液中氧离子活性的一种标度

② pH 值是溶液酸碱程度的衡量标准

③ pH 值越趋向 0 表示溶液碱性越强

④ pH 值越趋向 14 表示溶液酸性越强

3. 二噁英侵入食物链中，不会存在于 ____ 中。

①肉类　　　　②乳制品　　　　③蔬菜　　　　④鱼类

4.____ 与人体血红蛋白的结合力远远强于氧气与血红蛋白的结合力。

①一氧化碳　　②二氧化碳　　③氮气　　　　④氨气

5. 关于汽油和柴油的表述，不正确的是 ____。

①汽油和柴油都来自石油　　　　②柴油的碳含量低于汽油

③柴油比汽油的燃点高　　　　　④柴油不易挥发

6. 甲醛的特性是 ＿＿。

①无色、无味   ②无色、有刺激性气味

③有色、无味   ④有色、有刺激性气味

7. 消除甲醛最便捷有效的途径为 ＿＿。

①使用竹炭   ②种植植物   ③开窗通风   ④增强室温

8. 镉中毒是慢性过程，潜伏期一般为 ＿＿ 年。

①2～8   ②9～14   ③15～20   ④30

答案：1.④ 2.② 3.③ 4.① 5.② 6.② 7.③ 8.③

烧烤
——美味的
下面是致癌物

　　一个小魔王从烟雾中袅袅升起，然后纠集了其他魔王，变成了黏糊糊的军队，冲向了我们的堡垒。它们攻破了闸门，进入了指挥部，又冲向了大街小巷……快逃命啊！

苯并芘

烟雾里的苯并芘

人体中的苯并芘

苯并芘：藏在烧烤中的小魔王

什么？你问小魔王在哪里？它就藏在你吃的烧烤里！

小魔王苯并芘埋伏在烧烤架上，躲在烤肉时产生的烟雾里，随时准备跟随烤肉入侵我们的身体。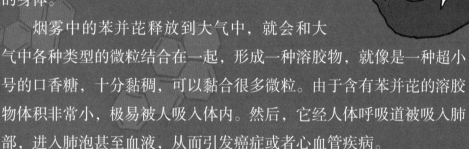

烟雾中的苯并芘释放到大气中，就会和大气中各种类型的微粒结合在一起，形成一种溶胶物，就像是一种超小号的口香糖，十分黏稠，可以黏合很多微粒。由于含有苯并芘的溶胶物体积非常小，极易被人吸入体内。然后，它经人体呼吸道被吸入肺部，进入肺泡甚至血液，从而引发癌症或者心血管疾病。

面对这么可怕的小魔王，难道我们身体的防御系统就如此无能，照单全收吗？不，不，不，其实我们身体的防御机制是尽心尽责的，会尽最大努力来抵御外敌。

首先，我们的身体会努力将入侵的苯并芘通过粪便赶出我们的身体；其次，那些没有被赶出去的苯并芘，也会被我们体内的酶尽力转化为无毒的物质。

然而，依旧有一部分顽固的苯并芘，偷偷地隐藏在我们的身体里，转化成致癌物质。

什么？还觉得苯并芘小魔王不是很吓人？那我们来看看它的毒性有多强吧！

苯并芘在我们生活环境中的含量每增加百分之一，肺癌的死亡率就会上升百分之五。科学家为了研究癌症症状，把苯并芘涂在兔子的耳朵上，涂到第40天，兔子耳朵上就长出了肿瘤。

杂环胺：苯并芘的"同伙"

潜伏在烤肉里的苯并芘还有一个同伙，那就是杂环胺。

跟苯并芘相比，杂环胺更难以摆脱。因为和苯并芘不同，杂环胺的藏身地点不是烟雾，而是各种美味的肉类当中。

肉类含有丰富的碳水化合物，还有氨基酸、肌酸等因子，但在烹饪过程中，经过高温和长时间的加热会产生另一类致癌物——杂环胺。

高温环境是杂环胺形成的重要条件。当温度从 200℃升至 300℃时，杂环胺的生成量可增加 5 倍。因此，跟炖、煮之类的烹饪方式比，烧烤会使更多的杂环胺成群结队地从烤肉里产生出来。

同时，对于杂环胺，我们只能抑制，而不能从根本上杜绝。别忘了，它潜伏的地方可是肉类中的各种氨基酸。所以，不管是哪种动物的肉，或者用什么饲料喂养的肉，我们都不能从源头上杜绝杂环胺。

想吃烧烤可以这样做

现在知道烧烤里的魔王们有多可怕了吧？可是，烧烤那么好吃，又不能多吃，这可怎么办呢？方法很简单。

第一，提前腌。提前用各种调料把肉腌制一下，这样不仅烤肉的味道更好，而且腌制汤汁能减少烧烤时产生的有害物质。

第二，使用微波炉。先用微波炉把肉加热一分钟，这样不仅缩短了烤肉的时间，让我们能更快吃到烧烤，还能让烧烤时产生的各种坏东西变少，因为我们的烧烤时间短了，危害物质跑出来的时间就短了，危害物质自然就减少了。

第三，调高烧烤架。把烧烤架调高一点儿，就能减少从烟雾里跑出来潜伏在烤肉上的苯并芘的数量。

第四，多吃蔬果。烧烤的时候，可以搭配着烤一些菌类和西蓝花之类的蔬菜，这样，不仅能使烧烤不那么油腻，还能补充各种维生素，降低苯并芘和杂环胺的危害。

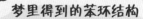

梦里得到的苯环结构
据说德国的化学家凯库勒因为没有搞清楚某一种物质的结构式而非常烦恼。1865年的一个晚上，他梦见了一幅蛇咬自己尾巴的图，因而发现了苯环的结构。

可乐
——褐色气泡水里的小·秘密

"哧……"正在吃曼妥思薄荷糖的小胖打开了一瓶可乐，要知道，这么热的天气，喝可乐是一件多么美好的事情啊！然而，可乐刚喝下去，小胖就捂着肚子呻吟："哦，救救我，我的肚子好胀！要爆炸了！"

曼妥思

可乐

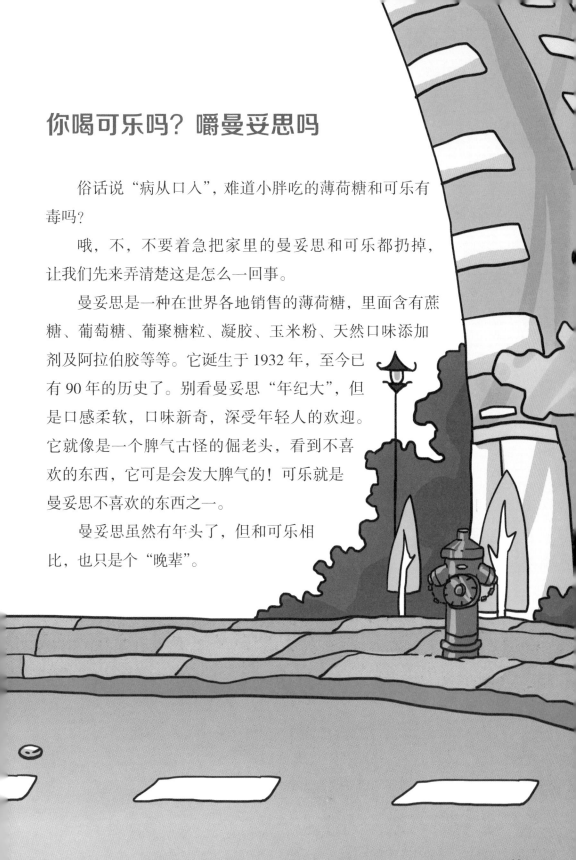

你喝可乐吗？嚼曼妥思吗

俗话说"病从口入"，难道小胖吃的薄荷糖和可乐有毒吗？

哦，不，不要着急把家里的曼妥思和可乐都扔掉，让我们先来弄清楚这是怎么一回事。

曼妥思是一种在世界各地销售的薄荷糖，里面含有蔗糖、葡萄糖、葡聚糖粒、凝胶、玉米粉、天然口味添加剂及阿拉伯胶等等。它诞生于 1932 年，至今已有 90 年的历史了。别看曼妥思"年纪大"，但是口感柔软，口味新奇，深受年轻人的欢迎。它就像是一个脾气古怪的倔老头，看到不喜欢的东西，它可是会发大脾气的！可乐就是曼妥思不喜欢的东西之一。

曼妥思虽然有年头了，但和可乐相比，也只是个"晚辈"。

早在 1886 年，第一份可乐就在美国的亚特兰大市出售了。可乐的名称来自可乐早期的配料之一——可乐果提取物。现在，最有名的可乐品牌就是可口可乐和百事可乐。虽然这两个品牌可乐的味道不太一样，成分至今仍是个谜，不过主要配方是一样的，包括二氧化碳、焦糖、咖啡因、古柯叶等。

曼妥思和可乐的"是非恩怨"可谓赫赫有名，最出名的就是可乐喷泉。

薄荷糖＋二氧化碳＝可乐喷泉

下面，找个空旷的地方，一起做个可乐喷泉的试验吧：将 5 颗曼妥思放入 1.5 升装的可口可乐瓶中，然后迅速撤离。

瓶里的可乐气泡马上就聚集在一起，几秒钟后，一股咖啡色的可乐柱从瓶口喷涌而出，可乐柱高约 20 厘米。3 秒钟后，可乐柱减退，大量的泡沫状液体从瓶口涌出，喷涌过程大约会持续 10 秒钟，此时瓶中剩下约半瓶可乐，瓶中

瓶胶

树脂

曼妥思

可乐喷泉

二氧化碳

可乐

表面张力

的可乐气泡仍不断翻涌。

可乐喷泉的整个过程大约会持续 3 分钟，怎么样？够不够刺激？那么，可乐为什么能喷出来呢？

可乐能够喷出来靠的是二氧化碳，这里涉及了亨利定律。亨利定律，指的是在等温等压下，某种挥发性溶质（一般为气体）在溶液中的溶解度与液面上该溶质的平衡压力成正比。也就是说，为了让可乐里的气泡足够多，必须保证瓶内二氧化碳产生的压力足够大。生产可乐时，工厂会利用高压装置往水里添加二氧化碳，二氧化碳溶解在水中，便和水反应生成碳酸。当把二氧化碳灌入饮料瓶时，其中一部分二氧化碳会从可乐中溢出，但因为瓶子是封口的，气体出不去，于是瓶内压力比较高，可乐内的二氧化碳含量就能一直保持较高的水平。在静止时，可乐中的二氧化碳保持着平衡状态。当有外界物质介入或有外力作用时，原有的平衡被打破，可乐中的二氧化碳气体就会冒出来。剧烈摇晃过的可乐会冒出大量气泡就是这个原理。

曼妥思又是如何引发喷泉现象的呢？对此，存在两种观点。

第一种观点认为，这是曼妥思和可乐共同作用的结果。曼妥思中含有阿拉伯胶，这会破坏可乐的表面张力，使可乐以惊人的速度

警报解除，可以尽情喝可乐了吗？

可乐里含有磷酸，会阻碍我们的身体吸收钙。而身体缺钙之后，就会很容易骨折。

可乐里含有碳酸，会对牙齿的牙釉质造成腐蚀，你有没有发现，一口气喝了很多的可乐之后，会感觉牙齿酸酸的？

可乐里含有咖啡因，摄入过多的咖啡因会导致睡眠系统紊乱，使人失眠。

释放出很多二氧化碳。同时，曼妥思中还含有许多果胶类物质，这类物质有很多细密的微孔结构，这种孔隙能和可乐中的碳酸发生物理反应，加快二氧化碳的释放速度。

第二种观点认为，可乐喷泉和曼妥思的成分没有一点儿关系，只是源于它的外貌。气泡的产生原理类似于空气中水汽的凝结，是一种成核作用，需要凝结核。水中本身并没有供气泡容身的空间，新产生的气体必须打破水分子之间的吸引力，挤出一些空间来，才能形成气泡。当水中有凝结核时，形成气泡需要的能量就小得多。曼妥思表面看起来很光滑，但在显微镜下看却像是月球表面，密集地布满了凸起和小坑。往可乐里加入曼妥思，就相当于加入了大量的起泡点，这也难怪大量的气泡会在曼妥思的表面产生了。

到底哪个才是可乐喷泉产生的真正原因呢？这个问题留给科学家们去研究吧。现在，你是不是找到可怜的小胖肚子胀的原因了？

肚子里真的会冒喷泉吗

不过也不用害怕，当我们把曼妥思和可乐一起吃掉的时候，是不会在肚子里出现喷泉的。

要知道，我们人类也是很强大的，我们的身体会有各种各样的方法保护自己。所以，当我们把曼妥思吃进嘴里的时候，由于咀嚼和唾液作用，曼妥思表面马上会被破坏，那些细微的孔也就不复存在了。而且，我们喝可乐的时候，可乐里的二氧化碳早就跑走了很多。所以，就算我们吃曼妥思的时候喝再多的可乐，也不会在肚子里产生可乐喷泉。

不过，虽然可乐制造商多次出来辟谣，但小朋友们还是不要图一时之快去尝试，毕竟每个人的身体情况不同，将曼妥思和可乐分开吃更能享受它们的美味。

可乐

曼妥思

二氧化碳分子

"医生！一定要救救我的孩子！"焦急的爸爸和哭泣的妈妈带着昏迷不醒的孩子来到了医院。"你的孩子可能是食物中毒，请告诉我，你的孩子吃了什么？""吃的是今天郊游从野外采来的蘑菇。"妈妈告诉医生。

蘑菇
——味道鲜美
的"小·雨伞"

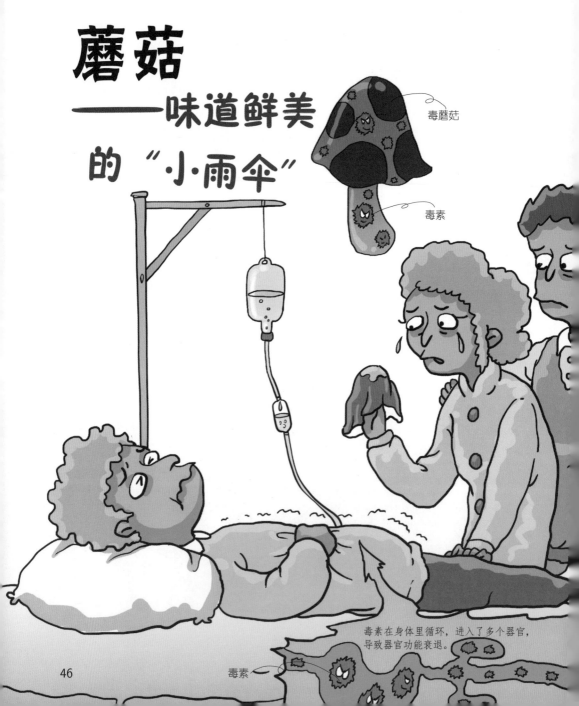

毒蘑菇

毒素

毒素在身体里循环，进入了多个器官，导致器官功能衰退。

毒素

致人死地的鹅膏毒素

不是所有的蘑菇都是既有营养又美味的，如果误食了毒蘑菇，就很有可能生病，甚至会有生命危险。

不同的毒蘑菇毒性也不同。有的毒蘑菇会影响我们的肠胃功能，有的会影响我们的神经，有的会损害我们的呼吸系统……其中最坏的是鹅膏菌属的毒蘑菇们。这一类毒蘑菇中含有鹅膏毒素，鹅膏肽类毒素又可分为鹅膏毒肽、鬼笔毒肽和毒伞素三类。鹅膏毒肽是一种慢性毒素，一旦进入人体，就会被迅速消化、吸收，进入肝脏，与肝细胞 RNA（核糖核酸）聚合酶结合，抑制

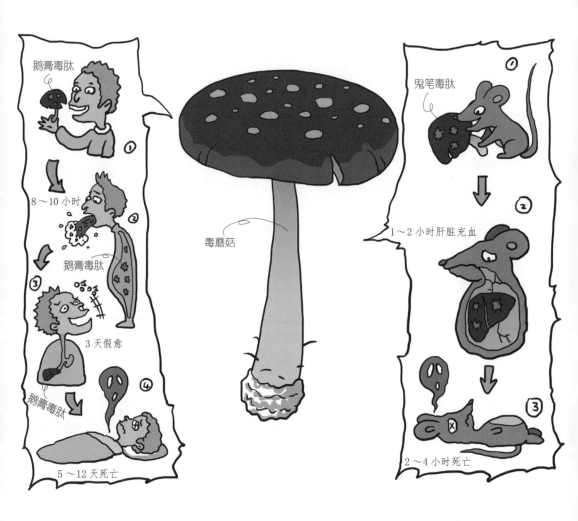

鹅膏毒肽

8～10 小时

鹅膏毒肽

3 天假愈

鹅膏毒肽

5～12 天死亡

毒蘑菇

鬼笔毒肽

1～2 小时肝脏充血

2～4 小时死亡

mRNA（信使核糖核酸）的生成，造成肝细胞坏死，导致以急性
肝功能衰竭为主的多器官衰竭。由于肠肝循环，这种毒素可以被
反复吸收，对人体持续造成危害，严重时会致人死亡。而且，鹅
膏毒肽十分"顽强"，烹饪时的高温和酸碱度不同的环境都不能消
灭它。

　　被吓到了吧？是不是"闻蘑菇色变"？不过，不要太害怕，这
些毒蘑菇们一般情况下是不会出现在菜市场里的，而是"潜伏"
在野外，所以一定要记得，去郊游的时候不要随便采摘野蘑菇
来吃，以免中毒。

素菜中的美味高蛋白

蘑菇真的很好吃啊，不论是煲汤还是做菜，都很鲜美，让人垂涎欲滴。

除了美味之外，蘑菇还有几大鲜为人知的优点。

一般来说，肉类被视为蛋白质的良好来源，但其中的脂肪和胆固醇含量比较高。因此，美味的肉类不能无限度地被摄入我们的身体。相比之下，蘑菇的蛋白质含量虽然没有肉类那么高，但却比蔬菜高出好几倍，而且拥有低热量、低脂肪的特点，同时富含现代人容易摄取不足的膳食

低脂肪　高蛋白
膳食纤维
低热量

木耳　竹荪
银耳　金针菇　茶树菇　香菇

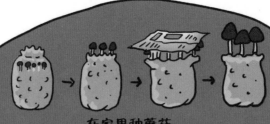

在家里种蘑菇

第一步：把买来的蘑菇菌包放在家里。蘑菇菌喜欢通风、温度、湿度都比较好的地方。

第二步：等待。哦，当然不是这样就能等到蘑菇长出来，而是等菌丝长满整个菌包。

第三步：打开并且拉直袋口，将表面的一层厚菌膜和残余的老菌皮去掉。再用湿布把菌袋盖起来，经常向附近的空中、地面及湿布上洒水，这是为了保持湿度。

第四步：经常掀动覆盖的湿布，让蘑菇通通风，这样，3～5天之后，就会出现菌蕾。

第五步：继续给蘑菇通通风、洒洒水，注意观察蘑菇的生长情况。

剩下的，就是继续耐心等待了，你会发现，蘑菇在一天一天地成长。

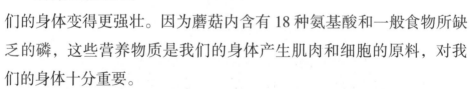

纤维，能够促进我们的肠胃蠕动，因而敞开肚皮吃蘑菇的人也不用担心会变得和蘑菇一样胖。

蘑菇还能让我们的身体变得更强壮。因为蘑菇内含有 18 种氨基酸和一般食物所缺乏的磷，这些营养物质是我们的身体产生肌肉和细胞的原料，对我们的身体十分重要。

另外，蘑菇含有的多糖体是医师们最推崇的健康成分，也是优秀的抗癌因子。多糖体是优秀的抗癌战士，它能够活化免疫细胞，让免疫细胞更好地保卫我们的身体，并消灭已经存在的癌细胞，进而维护我们整个免疫系统的健康平衡。

别贪嘴哦！蘑菇吃多了会痛风

那么，肯定有人要说，野外的蘑菇可能有毒不能吃，菜市场里买来的蘑菇肯定没毒，那就大吃特吃好了！这当然是不行的。虽然蘑菇很美味，但吃多了也是不好的。

蘑菇里含有一种叫作"嘌呤"的成分。嘌呤就住在我们每个人的身体里，当身体进行新陈代谢的时候，嘌呤就会努力地为身体提供能量，组成辅酶，还会像交警指挥交通一样，对我们身体的代谢进行调节。

不过，当嘌呤在我们身体里积累过多的时候，它就会因为一直等不到我们的身体把它排出体外而变成尿酸。尿酸过高就会引起痛风。因此，对于患有痛风的病人来说，吃了太多的蘑菇，吸收了太多的嘌呤，可能会加重病情。

所以，蘑菇虽好，可不要贪吃哦。

嘌呤分子

蘑菇

嘌呤分子

嘌呤分子

提供能量

嘌呤分子

嘌呤分子

促进新陈代谢

变成尿酸引起痛风

酒

——小孩子千万别喝酒

东倒西歪，左摇右晃……难道这两个小朋友在练醉拳？怎么看上去毫无章法呢？"扑通"一声，两个小家伙摔倒了……唉，原来这是不知深浅、偷爸爸酒喝的两个小淘气啊！

肝脏

酒精

胃

肠

血管

喝酒对身体有害

让我们先了解一下酒对人身体的危害吧。

酒里含有的乙醇会损害肝脏，连续过量饮酒能损伤肝细胞，干扰肝脏的正常代谢，进而可导致酒精性肝炎及肝硬化。

同时，长期过量饮酒会导致体内缺乏多种营养素。这是因为过量

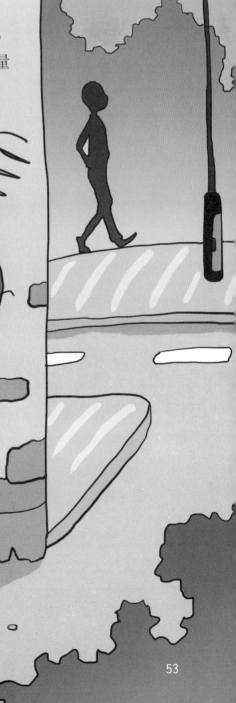

饮酒会使食欲下降，减少其他含有多种重要营养素的食物的摄入，还会损伤肠黏膜，影响肠对营养素的吸收。

无论什么品种的酒，对身体都会有一定的刺激作用，长期饮酒或饮酒过量，会对人体产生麻醉和刺激作用，甚至造成酒精中毒。

酒精对我们的中枢神经有抑制作用。长期大量饮酒，可能会导致大脑皮层、小脑、心脏、肝脏、内分泌腺等的受损，还会导致各种营养素的缺乏。

酒精：酒醉人的真正原因

酒为什么会这么厉害？这就要弄明白酒的真实"身份"。

各种各样的酒，比如白酒、啤酒、黄酒、红酒，它们的主要成分都是乙醇，也就是我们平时常说的酒精。乙醇是一种有机化合物，在常温常压下是一种易燃、易挥发的无色透明液体。它的水溶液具有特殊的香味，并且带有一定的刺激性。

我们平时说的酒的度数，就是指在气温为 20℃时，100 毫升的酒中所含有的酒精的毫升数。53 度的白酒，就是说，100 毫升的白酒里含有 53 毫升的酒精。那么 10 度的啤酒，也就是说，100 毫升的啤酒里含有 10 毫升的酒精吗？当然不是！

其实，啤酒瓶上标的度数指的是麦芽汁中所含糖的浓度。通常情况下，以每千克麦芽汁中所含糖类物质的质量（克）的 1/10 为计算标准。假设每千克麦芽汁中含有 100 克糖类物质，那么这种啤酒的度数就是 10 度。

好了，现在弄明白了酒类的真实"身份"，不会再想着喝酒去练醉拳了吧？

损害大脑皮层

损害小脑

损害肝脏

损害心脏

损害内分泌腺

盲目练酒量是在害自己

酒量是天生的还是可以练出来呢？是不是每天多喝一点，日子久了就能练出很大的酒量？

要回答这个问题，我们先看看酒精分子在我们身体里的整个"旅程"吧。

当酒精进入我们身体后，会通过口腔、食管、胃、肠黏膜等被吸收到各种组织器官中，并在五分钟内出现于血液循环中，半个小时以后，血液中的酒精浓度就可达到最高点。总的来说，一次饮酒的 60%

可以在一小时内被身体吸收，两个小时就能被全部吸收。胃部可吸收20%的酒精，小肠能吸收80%。

酒精被吸收以后，大部分在肝内代谢，只有很少一部分由肾、肺排泄出去。肝脏是我们人体解毒和排毒的"大本营"，各种毒素经过肝脏的一系列化学反应后，变成无毒或低毒物质。肝脏拥有两种特殊的解酒酶，分别叫作乙醇脱氢酶和乙醛脱氢酶。它们可以将酒精转化为乙醛，又变成乙酸，最终以无毒的二氧化碳和水的形式排出体外。

因此，一个人对酒精的代谢能力，其实很大程度上取决于自己体内这两种酶的活性，这并不是所谓的饮酒训练所能左右的，酒量差异是遗传和环境因素综合作用的结果。资料表明，绝大多数女性的乙醇脱氢酶和乙醛脱氢酶的含量低于男性，因而大多女性的酒量不如男性。从世界范围的人种来看，白种人对酒精不敏感，黄种人和黑种人对酒精较敏感，当然，就算是同一人种，也存在着个体差异。

脸红和酒量

一项研究表明，酒量不大，一喝酒就脸红的人，如果贪杯，他们得食道癌的概率要比其他人高出 12 倍左右。

喝酒脸红也不是坏事，它提示人们在代谢乙醛上的缺陷。所以，喝酒脸红的人还是不喝或者少喝为好，不仅仅是为了防范食道癌，对很多疾病的防范均有益处。

但有一点，喝酒脸红的人其实不容易伤肝脏。这是因为对于红脸的人大家一般少劝酒，因而喝得少，再加上酒后犯困，睡上 15～30 分钟就又精神抖擞了。

"咔咔"，妈妈敲开了一颗鸡蛋。啊，好臭！小黄捂着鼻子差点儿被熏晕！原来，这是一个臭鸡蛋。

臭蛋

——蛋壳里的另一个世界

硫化氢分子

臭味中有硫化氢分子

臭鸡蛋

小孔

鸡蛋

给鸡蛋做个解剖

当你剥开一个鸡蛋，你会看到这三部分，蛋壳、蛋白、蛋黄。可是你知道它们的组成结构吗？

一头大、一头小，看上去轻轻一碰就会碎掉的鸡蛋壳，包括壳上膜、壳下皮、气室三个部分。壳上膜是蛋壳外面一层不透明、无结构的膜，它能够防止鸡蛋中的水分蒸发。壳下皮则是蛋壳里面的两层薄膜，空气能够自由通过这两层薄膜。气室是两层壳下皮之间的空隙，气室里没有蛋液。被孵出来的小鸡在还没有破壳之前，呼吸的就是气室里的空气。另外，如果外界的温度有变化，在蛋液热胀冷缩的情况下，就算蛋液体积增大了，因为有气室的存在，蛋壳也不会被胀破。

打开鸡蛋，我们所看到的像透明的胶状物就是蛋白。一个蛋清含有 12% 的蛋白质，其中大部分是卵白蛋白。蛋白还含有核黄素、尼克酸、生物素、钙、磷、铁等物质。蛋白又分稀蛋白和浓蛋白。靠近蛋壳部分的蛋白相对来说浓度较稀，靠近蛋黄部分的蛋白浓度则较高。

在蛋白中间，那个黄黄的圆球就是蛋黄，它由系带悬在鸡蛋的中间。蛋黄的营养成分很高，含有丰富的维生素 A、维生素 D，还含有铁、磷、硫、钙等矿物质。仔细看你会发现，蛋黄表面有一个小白点，这个小白点在鸡蛋未受精的情况下叫作胚珠，在鸡蛋受精的情况下则叫作胎盘。

鸡蛋

好好的鸡蛋，怎么就臭了呢

提问：鸡蛋会变成什么？

回答：鸡蛋在养鸡场里会变成可爱的小鸡，在妈妈的厨房里会变成蒸鸡蛋、煮鸡蛋、炒鸡蛋等各种美味

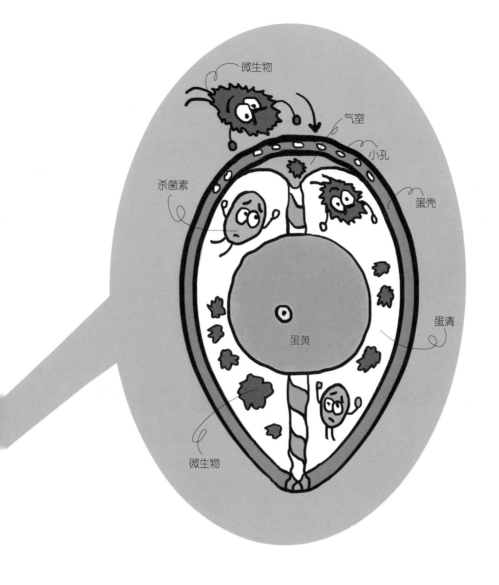

微生物

气室

小孔

杀菌素

蛋壳

蛋黄

蛋清

微生物

佳肴。嗯，还会变成让人捂鼻子的臭鸡蛋！

臭鸡蛋？是的。那么，好好的鸡蛋为什么会臭掉呢？

那是因为，鸡蛋壳并不是完全密封的。鸡蛋看上去比较钝的那一端，有一些很小、我们肉眼看不出来的小孔，这是鸡蛋"呼吸"时空气进出的地方，叫作气室。鸡蛋中含有丰富的蛋白质，而蛋白质中又含有氮、硫等化学元素。当鸡蛋被细菌侵入污染后容易腐败变坏，会产生二氧化碳、甲烷等多种气体，其中的氨、硫化氢、硫醇等成分有明显臭味，它们便是坏蛋发臭的根源。

氨基酸

氨基酸盐

松花蛋

在鸡蛋上雕花的艺术

松花蛋上的松花是经过一场化学反应产生的。因为蛋白的主要成分是蛋白质，如果放置的时间够长，蛋白中的蛋白质就会变成氨基酸。氨基酸既能和酸性物质互相作用，又能和碱性物质互相作用。于是人们在制作松花蛋的时候，在包裹鸡蛋的泥巴里加入了石灰、碳酸钾、碳酸钠之类的碱性物质。我们已知，鸡蛋的壳上有一些我们的眼睛分辨不出来的小孔，这些碱性物质会穿过小孔，和氨基酸作用使其变成氨基酸盐。而这些氨基酸盐不能溶在蛋白质里，于是就变成了漂亮的松花。

同时，由于制作需要的时间长，在这个过程中，蛋黄里的蛋白质也变成了氨基酸。

$$CaO+H_2O = Ca（OH）_2$$
$$Na_2CO_3+Ca（OH）_2 = CaCO_3 \downarrow +2NaOH$$
$$K_2CO_3+Ca（OH）_2 = CaCO_3 \downarrow +2KOH$$

臭味的主要来源——硫化氢

臭鸡蛋的臭味源于腐败菌分解鸡蛋时产生的硫化氢。

硫化氢是一种无色的气体，不仅拥有让人捂鼻子的臭味，还有很强的毒性，是一种神经毒剂。硫化氢一旦被吸入体内，就会危害我们的中枢神经系统和呼吸系统，同时伴有对心脏等多种器官的损害。

很可怕对不对？尽管硫化氢分子大军杀进我们体内后，大部分会被我们的身体经氧化代谢转化成无毒物质，但还是有一部分硫化氢仍会伤害到我们的身体，而且，随着硫化氢气体的累积和浓度的增加，人体的解毒系统也将超过自己的净化负荷，从而导致严重的中毒反应。因此，将硫化氢气体称为"生化武器"一点也不为过。

　　所以，就算你偏爱臭鸡蛋的味道，应该尽量不吃或少吃吧！

小小婴儿竟然会得肾结石？是遗传？感染？还是环境污染？检查的结果让人大吃一惊，导致婴儿患病的居然是奶粉！

毒奶粉

——违规添加剂有巨大危害

三聚氰胺

肾结石

从"大功臣"到"大凶手"

奶粉本来是婴儿成长过程中必不可少的"功臣",怎么会变成毒害婴儿的"凶手"?为了找出其中的原因,科学家进行了一场轰轰烈烈的"大搜捕"。最后,终于找出了混在奶粉里的"凶手"——三聚氰胺。

被"捉拿归案"的三聚氰胺自己也很委屈。作为一种三嗪含氮杂环有机化合物,三聚氰胺早在1834年就被德国人李比希合成出来了,虽然它几乎无味,毒性轻微,但对身体有害,不可用于食品加工或食品添加物。

它在化工生产中可是不可或缺的一员。三聚氰胺可以涂在装饰

板上，不仅颜色鲜艳，而且十分坚固，还能防火、抗震。对于天上飞的飞机、江河湖海里航行的轮船，还有各种家具的贴板，加了三聚氰胺的装饰板都是一个很好的选择。和乙醚混合的三聚氰胺可以用来制作抗皱、抗缩的纸张。由三聚氰胺转化而成的树脂在加热分解时会释放出大量氮气，因此这种树脂是一种非常好的阻燃材料。同时，三聚氰胺还可以和"好伙伴"甲醛合作，变成一种坚固的树脂，制作成美观耐用的碗筷……

三聚氰胺怎么看都像是人类的"大功臣"啊，怎么就成了"凶手"呢？

涂了三聚氰胺的装饰板

抗皱、抗缩的纸张

阻燃材料

树脂做成的碗筷

三聚氰胺是怎样形成结石的

从化学界的"大功臣"到食物界的"凶手"，让三聚氰胺臭名昭著的原因就是，摄入三聚氰胺会让小孩子得肾结石！

可是，三聚氰胺是怎么让小孩子得肾结石的呢？

首先，人体各个脏器产生结石大多数都是钙离子沉淀造成的。

其次，三聚氰胺自身在人体内的"逃窜"过程，决定了它最终会成为害人不浅的结石。

我们都知道，三聚氰胺是藏在奶粉里才会被小孩子吃下去的。

三聚氰胺溶解在奶粉的脂肪粒中，和奶粉里的各种营养元素一起到了胃里。为了分解食物，我们的胃会分泌胃酸，因此胃的内部环境是酸性的。三聚氰胺到了酸性的胃里之后，它成分里的氨基会逐渐被羟基取代，于是，三聚氰胺就变成了三聚氰酸二酰胺这种新的物质。而三聚氰酸二酰胺遇水之后，又会变成三聚氰酸一酰胺，最终变成三聚氰酸。

接下来，被肠道吸收的三聚氰酸进入血液里，并且和钙离子结合，生成不能溶解的三聚氰酸钙。等到三聚氰酸钙随着血液到了肾脏之后，就会在肾脏过滤血液时被过滤下来。因此，如果小孩子一直吃含有三聚氰胺的奶粉，那么，积累在肾脏的三聚氰酸钙就会越来越多，最终成为危害小孩子身体健康的重大隐患。

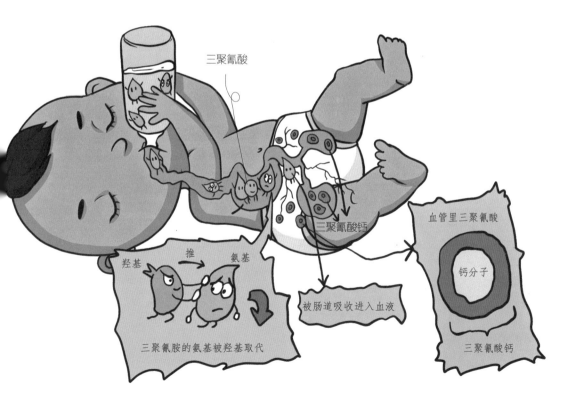

三聚氰酸

三聚氰酸钙

血管里三聚氰酸

钙分子

羟基　推　氨基

被肠道吸收进入血液

三聚氰胺的氨基被羟基取代

三聚氰酸钙

有人钻了凯氏定氮法的空子

那么，在化工界默默奉献的三聚氰胺为什么会混进奶粉，成为毒害婴儿的"凶手"呢？这就要从凯氏定氮法说起了。

凯氏定氮法是目前检测奶粉中蛋白质含量的常用方法。就是取出一部分奶粉或者牛奶的样品，加入强酸处理，将蛋白质中的氮元素释放出来，再通过测量氮元素的含量，推算出奶粉或者牛奶中蛋白质的含量。

聪明的人一下子就能看出凯氏定氮法的问题是不是？只要想办法把氮的含量提高，就能假装奶粉的蛋白质含量高了。这也正是三聚氰胺被加入奶粉的原因。

食品的传奇

研究证明，牛奶的营养价值很高，含有种类丰富的蛋白质、矿物质等。

除了我们所熟知的钙以外，其中磷、铁、锌、铜、锰、钼的含量都很高。最难得的是，牛奶是人体吸收钙的最佳来源，而且钙、磷比例非常适当，利于钙的吸收。

对于中老年人来说，牛奶还有一大好处，那就是与许多动物性蛋白中所含的较高的胆固醇相比，牛奶中胆固醇的含量较低。牛奶中的某些成分还能抑制肝脏制造胆固醇的数量，使得牛奶还有降低胆固醇的作用。

要知道，三聚氰胺的氮含量是奶粉的 23 倍，是牛奶的 151 倍。更何况，三聚氰胺不仅价格便宜，而且几乎没有味道，不容易被发现。因此，不法厂商为了提高奶粉的蛋白质合格率，就将三聚氰胺加了进去。

虽然作为化工材料的三聚氰胺毒性轻微，但是通过奶粉被婴儿服下的三聚氰胺会导致婴儿生殖、泌尿系统受损害，这也正是吃了含有三聚氰胺奶粉的婴儿大都得了肾结石的原因。

小白鼠死了！这是俄罗斯科学家伊琳娜·艾尔马科娃博士的实验室里刚刚出生的一批小白鼠。然而，在不到三个星期的时间里，这些小白鼠们死掉了一半。它们只是吃吃喝喝，绝对没做什么危险行为，怎么就集体赴死了呢？难道，问题出在食物上？

转基因
——留待验证的
新技术

转基因大豆

小白鼠

基因与转基因：遗传与更好地遗传

果然，小白鼠们吃的不是普通食物，而是转基因食物。什么是转基因食物呢？我们先了解一下基因。

基因是生物能够一代一代传承下来的最根本的秘密。为什么玉米的种子种在田地里，会长出另一棵看上去一模一样的玉米？这都是基因的作用。

作为最神秘的 DNA 序列，基因携带着生物最根本的秘密——遗传信息。它能够复制生物包括孕育、生长、衰老在内的遗传信息，然后在生物体内起作用，让后代的生物出现和前代的生物相似的特征。

我们都知道，世界上的任何事物都会或多或少有一些缺点，就像麦子可能会产量低、不耐旱、不抗寒，周边易长杂草、生虫子等。聪明的人类就想出了将生物的这些缺点尽量变少的方法，那就是转基因。

比如将修改过的小麦基因放到小麦里，我们就能得到周遭不长杂草，又不会生虫子、耐旱、抗寒而且产量很高的小麦。

基因链

转基因技术能造福人类吗

那么，转基因对我们人类到底有什么好处呢？它会是帮助我们解决许多问题的好帮手吗？

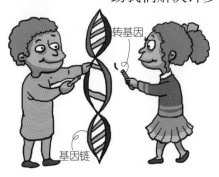

转基因

基因链

要知道，地球上的人口越来越多，耕地却越来越少，种植的粮食还总是面临着减产、病虫害等威胁。因此，科学家们就研究出了不生长杂草、防治病虫害的转基因作物。这样不仅节省了农药，降低了种植成本，还能使产量大大提高。

同时，转基因技术能够使一种生物安全地携带另一种生物的基因。比如，科学家们可以研究出带有胡萝卜素的大米，这样，人们在吃大米的同时就能够补充胡萝卜素。

还有，通过转基因技术，科学家们还能让生物变得更符合人们的需要，比如，生长时间更短、口味更好等。

因此，对于我们人类来说，转基因是农作物史上的一场空前革命，掌握了转基因技术就像是得到了魔法棒，可以在安全的范围内修改生物的基因密码，让它们变得更符合我们的需要。

转基因食物能不能吃

转基因食物真的就是拯救人类于水火的超级法宝吗？我们从此就要过上粮食充足、不怕虫害的美好生活了？先别高兴得太早，看看下面的事情吧。

2002 年，遭遇了严重旱灾、粮库里几乎没有粮食的津巴布韦等非洲国家，拒绝了美国承诺援助的 50 万吨粮食。

2003 年，印度拒绝进口美国的 1000 吨大豆和玉米。

2004 年，英国的一片玉米田被抗议者夷为平地。

以上所涉及的通通都是转基因粮食。

与此同时，墨西哥开始了禁止种植转基因玉米的行动；欧盟也开始暂缓进口转基因食物；英国的许多大超市禁止使用转基因生物作为原料来生产食品。

我国专家发明的植物转基因方法

花粉管通道法是 20 世纪 80 年代初我国学者周光宇发明的。简单地说，就是将修改过的基因，在植物开花时，通过花粉通道注射进去，技术简单，很容易掌握。现在，我国推广面积最大的可以防治病虫害的转基因棉花，就是通过这个方法培育出来的。

反对转基因食物的原因有很多，总体来说，大家认为转基因食物对人类身体有害。比如，具有耐除草剂的转基因大豆里，抗癌成分减少了；抗病虫的转基因玉米在使害虫死亡率提升的同时，也影响了益虫的生长；吃了转基因土豆的小动物，内脏和免疫系统都受到了损伤。反转基因人士还认为，转基因技术出现的时间不够长，对人类的长期危害很可能还没有显现出来。

看到这里明白了吧，很多人怀疑伊琳娜博士的小白鼠就是因为吃了转基因食物才命丧黄泉的。

当然，也有很多人认为，强调和夸大转基因食物的危害是无稽之谈、杞人忧天。因为外国早在十几年前就已经大规模使用转基因作物，几十亿人群食用转基因食物，没有任何证据能证明转基因食物能够威胁人类的健康。

饮食中的化学知识小测验

1. 生产可乐时，会往饮料瓶中添加____，使其溶解在水中，并和水反应生成碳酸。

①糖　　　　　②二氧化碳　　　③黑色素　　　　④咖啡因

2. 美味的蘑菇在营养成分上具有____等特点。

①高脂肪、高蛋白、高热量　　　②低脂肪、低蛋白、低热量

③低脂肪、高蛋白、高热量　　　④低脂肪、高蛋白、低热量

3. 当嘌呤在我们身体里积累过多时，容易变成____，当其过高时就会引起痛风。

①盐酸　　　　　②硫酸　　　　　③尿酸　　　　　④硝酸

4. 臭鸡蛋的臭味源于腐败菌分解鸡蛋时产生的____。

①氨气　　　　　②硫化氢　　　　③硫黄　　　　　④氧化氢

5. ____随着血液到了肾脏之后，越积越多的话就会危害小孩子的身体健康。

①三聚氰酸钙　　　　　　　②三聚氰胺

③三聚氰酸一酰胺　　　　　④三聚氰酸二酰胺

6. 不属于转基因食物特点的是____。

①不长杂草　　　　②防病虫害　　　　③产量多　　　　④营养丰富

7. 基因携带着生物最根本的秘密——____。

①语言信息　　　　②文字信息　　　　③遗传信息　　　　④图像信息

8. 乙醇是一种有机化合物，在常温、常压下是一种____透明液体。

①易燃、易挥发、无色　　　　　　②易燃、不易挥发、无色

③不易燃、易挥发、无色　　　　　④易燃、易挥发、白色

9. 一般情况下，喝入身体的酒，在____可被吸收20%，在____可被吸收80%。

①食道　　　胃部　　　　　　②胃部　　　小肠

③小肠　　　胃部　　　　　　④胃部　　　大肠

10.____是人体解毒和排毒的"大本营"，各种毒素经过它的一系列化学反应后，会变成无毒或低毒物质。

①胃　　　　　　②肾　　　　　　③脾　　　　　　④肝脏

"哎呀！"地怎么这么滑！"哎哟！"膝盖摔破了。家里有红药水和碘酒，用哪个好呢？干脆都涂上算了。"慢着！"妈妈一声惊呼。到底发生了什么情况？

碘酒

——能消毒杀菌的

神奇药水

碘酒不能和红药水一起用，会中毒

碘酒能够消毒，红药水也能够消毒，那为什么把它们俩一起涂在伤口不会效果更好，伤口好得更快，反而会中毒呢？

碘酒里含有的碘，遇到红药水中的汞之后，就会形成新的物质——碘化汞。碘化汞则会抓着我们的皮肤不放，依附在皮肤的表面。汞本身就具有毒性，碘化汞更是一种剧毒物质，对皮肤黏膜和其他组织会产生强烈的刺激，如果不慎吸入、口服或经皮肤吸收进入体内，很有可能会致死！

啊？这么可怕！那要是不小心把碘酒和红药水混用了怎么办？是不是没救了？

当然不是。

要是真的不小心将碘酒和红药水混用了，应该立刻用生理盐水把涂的碘酒和红药水全部洗干净。如果出现了红肿之类的刺激反应，那就应该赶紧去医院，让医生对涂抹过药水的皮肤进行清创治疗。

销声匿迹的"红药水"

红药水，一听名字就知道，它是暗红色的药水。在早些时候，它几乎出现在每个家庭里，调皮的男孩

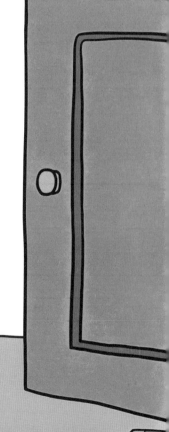
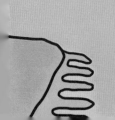

子在外面玩耍后带着伤回到家，妈妈给他们消毒杀菌、防止伤口感染，都离不开红药水。

但是现在，家中的医药箱里，红药水的位置早就被碘酒取代了，这究竟是为什么呢？

首先，从消毒效果来说，红药水渗透性很弱，对病菌的威胁不强，因此抑制细菌的效果并不是很好，再加上受环境影响还很大，所以消毒效果并不稳定。

其次，红药水的有效成分是含有重金属汞的有机化合物，具有一定的毒性，尤其不能用红药水去消毒那些面积大的伤口，否则很容易造成汞中毒。汞进入生物体后也很难被排出，会严重威胁人类健康。此外，对汞过敏者也不能使用。

与红药水相比，含碘消毒剂的溶液，如碘酒、碘伏等，杀菌能力强、毒性较小，所以，这些碘剂"闪亮登场"后，红药水就渐渐销声匿迹了。

伤口的正确处理方法

对于伤口该如何处理，医生指出，在临床操作时，一般会先用双氧水对污染的伤口进行清洗，然后涂抹碘酒进行消毒并包扎。如果伤口不严重或不方便去医院，可自行对伤口进行处理，再用75%的酒精进行消毒并晾干即可。

碘酒不能长期存放

　　碘酒是常用的外科消毒杀菌剂，之所以取这个名字，是因为它含有 2%～3% 碘的酒精溶液。

　　和其他药品一样，碘酒也具有保质期。如果长期放置，碘就会和溶液里的水缓慢地发生反应，产生氢碘酸和次碘酸。次碘酸还能进一步氧化乙醇，产生乙醛和乙酸，这不仅会降低它的杀菌能力，把它在擦拭到皮肤上的时候，还会让人觉得不舒服，因而碘酒的存放时间不能太长。

　　除此之外，需要注意的是，我们不能用橡胶瓶塞、软木瓶塞或金属瓶塞作为储存碘酒的瓶塞。因为橡胶、软木在制作过程中添加的化学成分会跟碘酒发生化学反应，碘酒又对金属具有腐蚀作用。这些都使碘酒里的成分不断消耗，使其杀菌作用减弱。

安眠药
——既能救人也能害人

医院里，有人因为服药导致生命垂危而正在紧急抢救，有人则因为服药治好了失眠而高兴。他们服的是同一种药，是良药也是毒药，能救人也能害人，它就是让人又爱又恨的安眠药。

烦人的失眠症

　　失眠是指无法入睡或无法保持睡眠状态而导致的睡眠不足，又称入睡和维持睡眠障碍（DIMS），表现为各种原因引起的入睡困难、睡眠深度或频度过短、早醒及睡眠时间不足或质量差等，是一种常见病。失眠不仅会给患者带来极大的痛苦和心理负担，患者还会因为滥用失眠药物而损伤患者自身其他器官。

　　失眠虽不属于危重疾病，但会影响人们正常的工作、生活、学习和健康。更可怕的是，失眠还能加重或诱发心悸、胸痹、眩晕、头痛、中风等病症。顽固性的失眠会给患者带来长期的痛苦，甚至令他们对安眠药物的依赖，长期服用安眠药物又可能引起医源性疾病。早期的安眠药虽然能让失眠的人睡着觉，但也有很大的

胃——血液——脑部

BZD 分子

副作用，它们毒性大，容易成瘾，副作用也大。

毫无疑问，对"安全无害的安眠药"的呼声已成为患者的共识，苯二氮卓（以下简称 BZD）的出现正好缓解了他们的病情。BZD 以其有效性、安全性、低副作用性，迅速击败了所有的对手。直到目前为止，BZD 仍是治疗失眠使用最广泛的药物。不过 BZD 毕竟是药，再安全也不能随便吃，一次性摄入 20 片以上的 BZD 就有致死的可能。因此服用 BZD 时一定要谨遵医嘱。

BZD 受体：掌管安眠效果的大门

进入人体的 BZD 被我们的肠胃吸收后，每时每刻都在不停流动的血液会像辛勤的快递员一样，把它们运送到我们身体的指挥中心——大脑。我们大脑的表面，有一扇掌管着安眠效果的大门，名字叫作"BZD 受体"。当被血液快递员运送的 BZD 到达这扇门的时候，就变成了"阿里巴巴的咒语"，大门会打开，安眠的效果也就达到了。

但是，令人遗憾的是，BZD 就像一把万能钥匙，可以打开许多扇门，所以在它打开我们大脑安眠的大门的同时，有可能也打开了其他的门，比如说，如果它打开了认知功能障碍的门，那么人就会像是没睡醒一样迷迷糊糊；要是它打开了记忆力短暂丧失的门，就会出现像是睡傻了一样，什么都反应不过来的状况；还有，如果它打开了令人浑身发软的门，人就会手脚发软无力。

所以，再有效的 BZD 也会有副作用，因而如果不得不服用 BZD
药物，一定要注意用药安全。

睡眠

记忆力短暂丧失

认知能力障碍

BZD 分子

部分 BZD 分子被胃吸收

听医生的话！安眠药不能乱吃

那么，是不是失眠了就可以自己随便买安眠药来吃？当然不是的。现在大众对安眠药的看法仍然停留在几十年前，不少人一听说要服用安眠药，心理上往往压力很大，生怕形成药物依赖，时而服药，时而不服药，这种态度反而成了安眠药成瘾的主要原因。

安眠药固然只是治标，但治标也有治标的要求，不能说停就停，更不能自己想停就停，首要且最重要的原因是为了避免戒断现象。因为不管是什么药物，或多或少都会改变身体的状态，会产生一系列连带反应，从脑部、肝脏到肌肉系统，都可能受到影响。

以现在最主流的BZD类安眠药为例，长期使用此类安眠药，脑部会悄然发生相应改变，体内的睡眠因子会减少生产和分泌。一旦突然停止用药，压制的力量消失，就好比我们在水面压皮球一样，一旦失去外界压力，皮球就会弹出水面，失眠、多梦、发抖、焦

BZD

安眠药

失眠？4种小方法来帮你

除了吃药，还有别的方法来治疗讨厌的失眠。

1.睡觉前先洗个澡，使身体放松，因为洗澡可以提高体温，使人困倦。

2.可以饮一杯温热的牛奶。牛奶中的钙是一种镇静物质，其中的色胺酸有诱发睡眠的功能。饮温热饮料是一种很好的习惯，可以使身体放松。

3.睡前1小时要远离电视和手机，因为电子屏幕闪烁的光线会使人神经兴奋而影响睡眠。

4.读一些容易拿起来也容易放得下的书，读一些容易理解的文章，如短篇故事、喜剧故事或者你童年时喜欢的故事等。

牛奶

虑等原先被抑制的症状就会立刻出现，而且比原来更加严重，所以这种突然停用安眠药的情况非常危险。

那么，短期服用安眠药呢？是否可以想停就停呢？答案也是否定的，关键是容易产生心理层面上的一种暗示，就好比之前吃药就能睡着，一旦不吃药一时半会儿睡不着，就会开始胡思乱想了。

所以，如果要停用安眠药，一定要听从医嘱，慢慢减量，让身体慢慢地适应，这样胡思乱想的症状就会得到改善，最终将安眠药全部停掉。

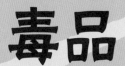

毒品

——让人成瘾的

恶魔

　　房间里，一个瘦骨嶙峋的男人忽然倒在地上抽搐。他伸手想要去拿旁边的针管。什么？你要帮他拿？不不不，他要拿的可不是治病的针剂，而是有害的毒品！他要注射毒品！

内源性阿片类物质

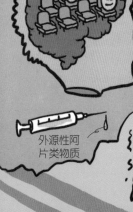

毒品

外源性阿片类物质

喵

罂粟花：外表艳丽的恶之花

毒品，这个我们常常会听到的恶魔，披着艳丽的外衣。

毫无疑问，罂粟花是美丽夺目的，把它们从众多花草中辨识出来是一件非常轻松的事情——枝条上如同羽毛般华丽的叶子，丝绒般的花瓣绽放出火红色的光芒，果实好似扎紧的米袋口，这个形象实在太特立独行了。

人类当初亲近罂粟，也许就是受到了它妖艳炽烈的花瓣的吸引。没过多久，人类就发现只要将没有成熟的罂粟果实轻轻切开，白色的乳汁就会从切口处涌出，在乳汁干燥之后，就成了效力强劲的黑色鸦片。

很快，人们便发现，鸦片是一个沾上就很难甩掉的大麻烦，自身对它的依赖会很持久，而且很难解除。为了弄明白这究竟是为什么，人们做了许多研究，终于发现，原来在正常的情况下，我们的身体本身就会产生一定数量的具有像鸦片一样作用的物质，医生们给这种物质起了一个很长的名字，叫作"内源性阿片类物

质"，它们会维持我们身体各种功能的平衡。相对地，那些被吸入体内的鸦片类的物质叫作"外源性阿片类物质"。这些因为吸毒被摄入体内的外源性阿片类物质会很邪恶地占据我们的身体，把内源性阿片类物质打败，导致它们分泌不足。所以，当吸毒的人没有吸食毒品时，他们的身体就会出现内源性和外源性阿片类物质都不足的情况，也就会出现犯毒瘾的各种症状，比如，头疼、流泪涕涎、眩晕、心率快、心悸、打呵欠、畏寒等。

虚假的快乐与戒不掉的瘾

为了解除这种依赖关系，1806 年法国化学家 F. 泽尔蒂纳首次从鸦片中分离出吗啡。然而，这种成分也会让人成瘾，那些在战场上被吗啡救活的重伤员，在战后几乎都患上吗啡依赖症。为了克服吗啡的这种弊病，德国科学家又对吗啡的分子结构进行了小修小补，结果造出了举世闻名的海洛因。至此，罂粟那魔鬼的一面展露无遗。

海洛因这个词在德语中的意思为"英雄"，它开始被当作一种包治百病、没有任何副作用的灵丹妙药推向大众，很快就席卷全球，后来世人才发现这是场灾难。

毒品改变了大脑的"快乐机制","快乐机制"会让我们感到快乐。在我们体内，这种"快乐机制"通过化学语言多巴胺来传递。多巴胺通常寄居在大脑神经游走细胞中，一旦被释放，会与神经系统的"快乐接收器"结合，在"快乐接收器"的运载下，到达神经细胞。然后，多巴胺挨个向神经细胞传达快乐的信息，让神经细胞产生从一般快乐到极度快乐的感受。

海洛因的成分是二乙酰吗啡，这种成分进入人体后，直接刺激多巴胺所在的神经游走细胞，让它们释放多巴胺，从而让人飘飘欲仙。但是，不断摄入海洛因会使大脑的机能发生改变。最主要的改变就是它减少了运载多巴胺的"快乐接收器"的数量。原先生活中可以获得的愉悦感逐渐消失，人的快乐感越来越依赖毒品，从此无法自拔。

珍爱生命，远离毒品
Yes to life, No to drugs

6月26日，国际戒毒日。

摇头丸

这不是糖果！

　　颜色鲜艳，形状可爱……不不不，这可不是糖果，如果陌生人递来了这些东西，一定要拒绝并报警。因为这是摇头丸。摇头丸是一种毒品，因为服用摇头丸者可即兴随音乐剧烈地摆动头部而不觉痛苦，所以被人叫作摇头丸。这种看上去很可爱实际上很可怕的摇头丸，食用后会给人带来许多种致命的危险，包括体温过高、血清素综合征和急性脱水或者水中毒等。

　　由于提炼技术的提升，且吸食方便，很快，可卡因成为与海洛因齐名的魔头。可卡因是从古柯叶中提取的一种白色晶状的生物碱，它能阻断人体神经传导，产生局部麻醉作用，并可通过增强人体内化学物质的活性刺激大脑皮层——兴奋中枢神经，使人表现出情绪高涨、好动、健谈，有时还有攻击倾向，可卡因具有很强的成瘾性。

　　可卡因进入机体后，会迅速入侵携带多巴胺的游走细胞。它们能够轻易地霸占本来属于多巴胺的位置，当多巴胺的位置被可卡因完全占据以后，多巴胺就找不到结合的空间，于是它只能被迫与"快乐接收器"结合。"快乐机制"被迫启动。科学研究表明，可卡因引发的快感强度取决于它占据了多少携带多巴胺的游走细胞。

远离毒品！越远越好！

　　之所以戒毒的人会出现各种痛苦的症状，是因为无论用哪种方法，戒毒的人都会在戒毒过程中失去制造快乐感的唯一来源——多巴胺的大量释放，从而会对疼痛变得非常敏感，全身出现不受控制的颤抖。因此要想戒掉毒品，需要付出很大的努力。

　　常见的戒毒方法包括强制中断毒品的自然戒断法、用其他药物治疗的药物戒断法、针灸理疗治疗的非药物戒断法，以及比较少见的催眠戒断法等。但是，每一种方法都不能保证一定能戒掉毒瘾，戒毒不仅需要吸毒者本人的努力，还需要家人、朋友、社会的鼓励和帮助。

　　对付毒品最有效的办法就是远离它们，为了我们的健康，为了我们的亲人，为了我们的社会，我们必须抵制毒品！

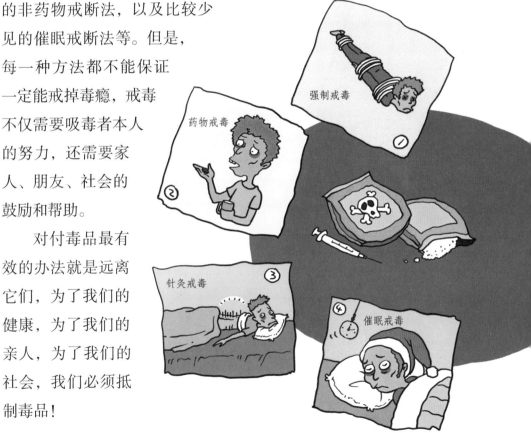

一杯酒下肚，喝酒的男人立刻七窍流血地倒在了地上。赶来的捕快们拿银针往酒里一放，银针立刻变成了黑色。酒里有砒霜！

——这是在古装片里我们经常看到的桥段。

砒霜

——古老的著名毒药

胃黏膜

砒霜分子

肝脏

人体细胞

砒霜分子

一丁点砒霜就能要人性命

砒霜的学名为三氧化二砷，白色、无味，仅口服 100～300 毫克即可夺人性命。在古代，它廉价易得，急性中毒后又没法抢救，可以说是跨越了阶层、地域的"经典毒药"。

作为最古老的毒药之一，它拥有极高的知名度，很多年前人们就已经发现单质砷在空气中燃烧的产物有剧毒，所以把这种毒药叫作"火毒药"。在阿拉伯地区和古罗马都有使用这种毒药的记载。古希腊人更进一步认识到砒霜与雄黄、雌黄都是含砷化合物，因而把雄黄叫作"红砷"，把雌黄叫作"黄砷"，把砒霜叫作"白砷"。

砒霜的毒性非常强，它进入人体后能迅速破坏某些细胞呼吸酶，使这些组织细胞因不能获得氧气而死亡；还能破坏血管组织，引发强烈出血，并刺激胃肠黏膜，使黏膜溃烂，并直接破坏我们人体的解毒"大本营"——肝脏，最终让中毒者因呼吸和循环衰竭而死。

以毒攻毒：毒药也能治病救人

武侠小说里总有神医使用"以毒攻毒"的方法，来给中了坏人毒的大侠解毒。那么，毒药也可以救人吗？没错，毒药也是药。在中国，古人虽然认识到"砒乃大热大毒之药，而砒霜之毒尤烈"，但根据以毒攻毒的原则，还是有医生将砒霜用于治疗某些疑难险恶的病症，并获得出奇制胜的效果。

以毒攻毒？疟疾、梅毒、心绞痛？

在早期西方医学界，针对砒霜的药用价值也有"小剂量的毒药是良药"的说法。最著名的砒霜药是福勒溶液，起源于19世纪的英国。当时这种溶液对疟疾、发热和周期性头痛颇为有效。

在整个 19 世纪，除了疟疾外，福勒溶液还被用于治疗梅毒和锥虫病。此外，许多医生还按照经验用这种"万金油"医治过多种其他疾病，如皮肤癌、乳腺癌、高血压、胃出血、心绞痛、慢性风湿病等。更匪夷所思的是，由于砒霜的毒性能引起毛细血管发脆、破裂，使人的脸颊看起来红润健康，因而福勒溶液还曾经被当作营养液服用。

高血压　　　　　胃出血　　　　　心绞痛　　　　　慢性风湿

砒霜能治白血病吗

在化疗发明之前，含有砒霜的福勒溶液被用于治疗白血病。但福勒溶液治标不治本，而且这种药需要口服，病人的耐受性不好，砒霜的毒副作用也较明显。在"二战"后随着更安全有效的治疗方法的问世，福勒溶液也慢慢地成为历史。

随着现代科学技术的发展，我国科学家发现，砒霜中的三氧化二砷是治疗癌症的有效成分，对于治疗急性早幼粒细胞白血病有疗效，这项治疗方法被誉为 20 世纪中国十大科技发明之一。

白血病　　　　　皮肤癌　　　　　乳腺癌　　　癌细胞

维生素 C 与虾一起吃会中毒吗

坊间流传着这样一个说法：如果你每天服用维生素 C，在就餐时如果不小心食用大量的虾以后，就会中毒，乃至七窍出血！这种说法的依据就在于虾等软壳类食物中含有大量浓度较高的五价砷化合物，这种物质进入体内，对人体并无毒害作用，但在服用维生素 C 之后，由于化学作用，使原来无毒的五价砷，转变为有毒的三氧化二砷，也就是砒霜。

那么，这个说法到底靠谱不靠谱呢？

首先，海鲜里的砷主要以有机砷的形式存在，无机砷的含量在海鲜里最多不超过砷总含量的 4%，其中多数是五价砷，少量是三价砷。而占主体地位的有机砷的危害非常之小，它们基本上会被原封不动地排出体外。相比较而言，我们反而应该担心包括大米和面粉在内的谷物产品，因为它们才是日常饮食中提供无机砷的主力。由此可见，假如维生素 C 真能在我们体内轻而易举地把五氧化二砷转变为三氧化二砷，从而

让人中毒，那么我们岂不是连饭都不能吃了？

其次，迄今为止，也没有证据表明有人因为吃了虾，又服用了维生素C而导致死亡。事实上，我们也没发现和米饭同吃有关的砷中毒案例。

我们再逆向思考一下：假设人体是这个还原反应的绝佳场所，被吃进肚子里的五价砷丝又毫不浪费地全部被还原为三价砷。试问一个人要吃多少虾才足以引发中毒呢？虾体内的无机砷含量是有上限的，根据国家标准，每千克鲜虾中含无机砷不能超过0.5毫克。而对于健康的成年人来说，能够取人性命的砒霜含量是100～300毫克。按照最低100毫克砒霜计算，其中含有的砷元素为75毫克，而要达到这个无机砷含量，我们需要吃下整整150千克的虾，才足以达到被砒霜毒死的效果。由此可见，这个传言是多么的不靠谱！

药物中的化学
知识小测验

1. 碘酒和红药水在一起会产生____。

① 砒霜　　　　② 氯化氢　　　　③ 碘化汞　　　　④ 三聚氰胺

2. 储存碘酒可以使用____瓶塞。

① 橡胶　　　　② 塑料　　　　③ 软木　　　　④ 金属

3. 可卡因引发的快感强度取决于它占据了多少携带多巴胺的____。

① 游走细胞　　　　　　　② 红细胞

③ 白细胞　　　　　　　　④ 血清

4. 国际戒毒日是每年的____。

① 3 月 12 日　　　　　　② 5 月 4 日

③ 6 月 26 日　　　　　　④ 12 月 24 日

5. 当吸毒的人没有吸食毒品的时候，他们的身体会____。

① 外源性阿片类物质足，内源性阿片类物质不足

② 外源性阿片类物质不足，内源性阿片类物质足

③ 外源性和内源性阿片类物质不足

④ 外源性和内源性阿片类物质都足

6. 下列不属于苯二氮卓（简称 BZD）的缺点的是____。

① 上瘾
② 记忆力丧失
③ 没有力气
④ 认知能力障碍

7. 可以帮助睡眠的办法不包括____。

① 睡前洗澡
② 喝热牛奶
③ 读书
④ 看电视

8. 古希腊人将砒霜叫作____。

① 黄砷
② 白砷
③ 红砷
④ 黑砷

9. 砒霜的水溶液为____。

① 无色、无臭、无味
② 白色、无臭、无味
③ 白色、无臭、苦味
④ 无色、刺激、无味

10. 关于维生素 C 与虾是否可以同食的说法正确的是____。

①不可同食，易产生三氧化二砷
②不可同食，而且含砷的食物都要少吃
③可同食，但要多喝水稀释
④可同食，因为达不到中毒的量

答案：1.③ 2.② 3.① 4.③ 5.③ 6.① 7.④ 8.② 9.① 10.④

化学警报

——大气污染

78%的氮气

21%的氧气

1%的稀有气体

大气层

地面往上15千米

看不见、摸不着的空气也能被污染吗

既看不到，也摸不着，却时时刻刻存在于我们身边的每一个角落，那就是空气。在正常的自然状态下，空气是无色无味的。如果空气出现了明显的异常，比如雾霾时的白茫茫，或者是刺鼻的味道，那么空气已经被污染了！

只要人类的活动或者自然界产生的对人类有害的物质进入空气里，并且时间和浓度都达到了规定的标准，空气污染就产生了。

罪魁祸首当然是人类

空气就像是一大盒口味不同的巧克力豆一样，由各种不同的物质组成。但空气的成分并不是一直不变的。不仅自然变化会引起空气成分的变化，人类的行为也会对空气造成很大的影响。

火山爆发制造出大量的粉尘颗粒和二氧化碳，雷电引起的森林大火也会导致空气中的二氧化碳增多。但跟人类活动的后果相比，这些影响简直可以忽略不计。

使用燃料的汽车排放的尾气，是城市交通污染的主要来源之一。工厂排放的污染气体，不仅污染物种类众多，而且是空气污染的主要来源之一。焚烧秸秆则是秋冬季节部分地区空气污染的主要原因。

污染

虽然看不见，危害却很大

空气污染不仅会危害人体健康，引起慢性支气管炎、支气管哮喘、肺气肿、肺癌等病症，还会对植物造成伤害，甚至产生酸雨等危害。

污染物中的二氧化硫等成分浓度过高时，植物的叶子上会出现斑痕，甚至会使植物枯萎凋落。空气污染导致的酸雨危害则更大。二氧化碳等温室气体过多，则会导致温室效应，使气温升高。

为了空气，从我做起

随着经济的发展，越来越多的国家面临着空气污染的危害。中国近几年经常出现的雾霾就是空气污染的一种。

为了治理空气污染，人们想了许多的方法。利用新的能源，减少污染物排放是最根本的方法。还有种植绿色植被，不仅能够美化环境，还能净化空气。

在日常生活中，我们也可以通过少开车，搭乘地铁、公交，或者骑自行车的方式出行，以减少污染。

过滤网

化学警报
——水污染

"主犯"当然是工业污染

水具有自净能力，经过一定的时间，就能够恢复到被污染之前的状况，但人类污染的危害力远远超过了水的自净能力。作为空气"杀手"的工业污染同时也是水污染的主要"凶手"。

大量未经处理的工业污染物被源源不断地排入了河流里。污水中含有的汞、铬、镍、铜、氮和酚等有害物质，会让河流里的鱼虾等生物死亡，甚至用这些水灌溉的庄稼也会枯萎，而饮用这些水的人们则会出现有害物质中毒等情况。

含农药

农药

农业污染是"帮凶"

　　牛、羊等牲畜的粪便、农田里用来消灭害虫的农药或者化肥，也是水污染的主要原因之一。流入河流的水会将一部分土壤带到河流里，这些土壤里含有氮、磷、钾等营养元素，使得河流、湖泊出现了富营养化，导致藻类生物过度生长，它们死亡腐烂后造成水中缺氧，有的还会产生有毒物质。

所有的水污染都是人类制造的吗

　　事实上，大自然也会不时制造一些小污染。

　　落入河流的花朵、树叶，暴雨冲刷来的污泥，以及火山喷发带来的火山灰，都会对水造成一定的污染。但水具有自净能力，经过一定的时间，就能够恢复到被污染之前的状况。

　　因此，自然界产生的污染几乎不会对水造成大规模的影响，污染水的最重要的因素仍然是我们人类的行为。

化学警报
——土壤污染

团伙作案的土壤污染

有害物质被人类排放进入土壤里，于是就造成了土壤污染。是的，实际上土壤污染可以分成有机污染和无机污染两大类。

虽然有机物可以说是生命产生的物质基础，但对于土壤来说，农药、石油等带来的过多的有机物只会造成污染；而采矿、冶炼等工业活动在不停地制造着无机污染。

从土壤到人类，范围广泛的危害

越来越多的污染物积累在土壤里，超出土壤自身的可容纳范围之后，不仅会对植物和水造成污染，还会危害到人类的健康。

被污染的土壤上生长的植物会受到污染，流经的河流也同样会被污染。这些被污染的植物和水被人类食用之后就会对人类的健康造成危害。

隐藏起来的危害

　　和很容易就能被发现的水污染和空气污染不同，除了进行专业的检测，土壤污染很难被发现。而且，与流动的空气和水不同，这些污染物很容易在土壤中累积起来。另外，许多污染物的危害需要经过很长时间才能被消除，有的土壤污染甚至需要100～200年才能恢复。因此，土壤污染的治理也更加困难。

"防"比"治"更重要

　　很难被发现、不容易治理的特点使得土壤污染的治理应该以预防为主。在农业中减少使用危害性大的农药、化肥，采矿等工业活动中减少对土壤的破坏，都能够有效地减少土壤污染。我们生活中也要加强保护土壤的意识，不破坏植被，不随手扔垃圾，虽然都是小事，但也是为保护土壤做贡献。

107

化学警报
——生化武器

改变战争的神秘武器

第一次世界大战期间，1915年4月22日下午，在第二次伊普尔战役的战场上，鲜花和泥土被嗖嗖飞过的炮弹轰炸得七零八落，刚刚长出新叶子的树木被烧成了黑炭。炮声停止了，英法联军与德国军队正在对峙。

忽然，一片奇怪的黄绿色的云从德国的阵地上向英法联军飘去。当这片黄绿色的云飘到英法联军阵地上的时候，大群的士兵痛苦倒地，眼睛疼得睁不开，鼻子也被刺激得喘不过气，喉咙如同被针扎一样，没有人知道这片奇怪的云是什么，也没有人知道应该怎么办，只能痛苦地在地上翻滚号叫……

原来，那片让士兵们痛苦不堪的黄绿色怪云是德军释放的氯气。氯气比空气重3倍，因而可以贴地随风飘动，还可以进入壕沟等地下设施，对人的呼吸道造成伤害。

被打开的潘多拉魔盒

这次的化学战震惊了全世界，也从此打开了近代化学战的潘多拉魔盒。

在这次作战之后，协约国的英、法等国军队也相继使用化学武器。防护措施也在军事对抗中得到发展，先后出现了防毒面具及化学侦察器材。于是，使用仅能通过呼吸道引起中毒的氯气、光气等对军队作战行动已无重大影响。

1917年7月德军又在同一地区故技重施，他们向英军使用了具有糜烂作用的芥子气炮弹，10天内共发射约100万发，造成对方重大伤亡。整个大战期间，交战国共生产毒剂约15万吨，其中大部分用于战场，因中毒而伤亡的总人数达100余万。

毒气：历史悠久的可怕武器

事实上，在战争中使用毒气，古代就有先例。有记录使用毒气的战争可以追溯到公元前429年，在伯罗奔尼撒战争中，斯巴达军利用硫黄和松枝混合燃烧来制造毒气，对雅典城内的守军进行攻击。

公元7世纪，拜占庭帝国军队将沥青和硫黄等易燃物放在金属罐中，点燃后投向敌军的阵地。

19世纪中叶，有人将人工合成的有毒物质装填在弹丸内作为小范围杀伤性武器……

比枪炮更恐怖的恶魔

在化学战历史上经常被用到的氯气和芥子气是含有剧毒的气体。

氯气通过呼吸道进入人体之后，会损害上呼吸道，还会引起肺水肿；由食道进入人体的话，会引起恶心、呕吐、胸口痛、腹泻等。因此，氯气中毒的最明显的症状就是剧烈的咳嗽和呕吐。

芥子气则会导致人体的糜烂，是糜烂性毒剂。它对人的眼睛、呼吸道和皮肤都有很大的毒害作用。芥子气的中毒症状包括疲倦、头痛、恶心及副交感神经兴奋等。吸入芥子气会损伤上呼吸道，还会导致肺损伤和皮肤糜烂。